普通高等教育"十二五"规划教材
高职高专模具设计与制造专业任务驱动、项目导向系列化教材

UG CAD/CAM 项目教程

主　编　李东君
副主编　孙义林　张祎娴　许尤立

国防工业出版社
·北京·

内 容 简 介

本教材以培养学生 UG NX 软件操作应用能力为核心，是依据国家相关行业的知识与技能要求，按岗位能力需要的原则编写的。教学内容分为任务导入、知识链接、任务实施、知识拓展 4 部分，案例丰富翔实，整个学习过程以优化企业典型案例为载体，突出强化训练学生的综合技能。

本教材分实体建模、工程图设计、装配设计、UG CAM 自动编程 4 个项目 10 项工作任务，项目 1 主要介绍实体建模，包括草图、曲线、实体、曲面；项目 2 主要介绍工程图设计，包括标注与编辑工程图；项目 3 主要介绍装配设计，包括简单装配与台钳装配；项目 4 主要介绍 UG CAM 自动编程，包括平面铣和型腔铣。

本教材可作为高职高专、五年制高职、成人专科、电大专科、技师学院等相关院校机械制造及自动化、机电、模具、数控等专业的教学用书，也可作为从事机械类设计与加工制造的工程技术人员的参考书及培训用书。

图书在版编目（CIP）数据

UG CAD/CAM 项目教程/李东君主编 . 一北京：国防工业出版社，2013. 1

高职高专模具设计与制造专业任务驱动、项目导向系列化教材

ISBN 978-7-118-08488-7

Ⅰ. ①U... Ⅱ. ①李... Ⅲ. ①计算机辅助设计—应用软件—高等职业教育—教材 Ⅳ. ①TP391.72

中国版本图书馆 CIP 数据核字（2012）第 283049 号

※

国防工业出版社出版发行

（北京市海淀区紫竹院南路 23 号 邮政编码 100048）

北京奥鑫印刷厂印刷

新华书店经售

*

开本 787×1092 1/16 印张 14¾ 字数 363 千字

2013 年 1 月第 1 版第 1 次印刷 印数 1—4000 册 定价 29.00 元

（本书如有印装错误，我社负责调换）

国防书店：(010) 88540777   发行邮购：(010) 88540776

发行传真：(010) 88540755   发行业务：(010) 88540717

普通高等教育"十二五"规划教材
高职高专模具设计与制造专业任务驱动、项目导向系列化教材
编 审 委 员 会

前言

　　教材的编写以高职高专人才培养目标为依据，结合教育部关于专业紧缺型人才培养要求，注重教材的基础性、实践性、科学性、先进性和通用性。教材融理论教学、技能操作、典型项目案例为一体。教材的设计以项目引领、过程导向、典型工作任务为驱动，按照相关职业岗位（UG CAD 设计与 UG CAM 制造等）的工作内容及工作过程，参照相关行业职业岗位核心能力，设置了 4 大项目，10 个工作任务，进行由浅入深的设计项目任务学习和训练，最后完成 CAM 制造项目，综合了零件的工艺设计、自动编程和仿真加工操作，直接生成了生产中可以直接应用的数控程序，教材案例丰富，注重直观性，具有极强的可操作性，较好的符合了企业对一线设计与制造行业人员的职业素质需要。

　　本教材具有以下突出特点：教材以项目引领、任务驱动，工作任务优选企业典型案例并进行教学化处理，案例丰富，统领整个教学内容；教材内容强化职业技能和综合技能培养，方便教师在教学中"教中做"、学生在"做中学"，符合当今职业技术教育理念。

　　本教材参考学时为 90 学时，建议采用理实一体教学模式，集中教学模式，偏重实践，3 周完成，各项目参考学时如下表。

项目设计	任务设计	建议学时（90）
项目1　实体建模	任务 1.1　草图	6
	任务 1.2　曲线	6
	任务 1.3　实体建模	20
	任务 1.4　曲面	6
项目2　工程图设计	任务 2.1　标注工程图	6
	任务 2.2　编辑工程图	8
项目3　装配设计	任务 3.1　简单装配	8
	任务 3.2　台钳装配	10
项目4　UG CAM 自动编程	任务 4.1　平面铣	10
	任务 4.2　型腔铣	10

本教材由南京交通职业技术学院李东君担任主编，苏州大学孙义林、应天职业技术学院张祎娴、苏州工业园区职业技术学院许尤立担任副主编，另外在编写过程中参考和借鉴了诸多同行的相关资料、文献，在此一并表示诚挚感谢！

限于编者水平经验有限，难免有错误疏漏之处，敬请读者不吝赐教，以便修正，日臻完善。

编者

目录 ▶▶▶

项目1 实体建模

任务1.1 草 图

知 识 目 标	能 力 目 标	建议学时
（1）掌握各种草图曲线的基本绘制方法； （2）熟练绘制出直线、圆弧、矩形等几何图形等操作。	（1）学会各种草图曲线的绘制方法； （2）能够熟练绘制出各种复杂草图曲线。	6

1.1.1 任务导入

任务描述：绘制尺寸如图1.1.1所示的碗型草图曲线。

1.1.2 知识链接

草图是建模的基础，根据草图所建的模型非常容易修改。单击"特征"工具条中的"草图"命令（或者选择"插入"菜单条→"草图"选项），打开如图1.1.2所示的"创建草图"对话框，选择合适的平面后即进入草图环境，如图1.1.3所示，完成草图绘制后，可单击 完成草图 命令，返回到建模环境中，同时显示其绘制好的草图曲线。

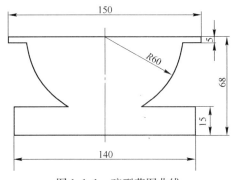

图1.1.1 碗型草图曲线

图1.1.2 "创建草图"对话框

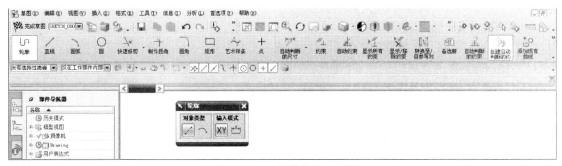

图1.1.3 "创建草图"环境

"草图工具"工具条如图1.1.4所示，包含了轮廓、直线、圆弧、矩形、样条曲线等十余种绘图及编辑命令，以及草图尺寸约束、位置约束等命令，下面对主要草图工具作简要介绍。

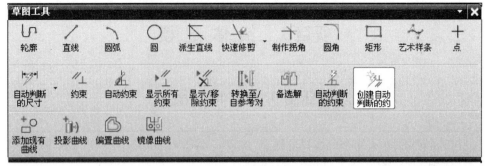

图 1.1.4　草图工具

（1）"轮廓"工具条：该功能是以线串模式创建一系列连接的直线或圆弧。如图 1.1.5 所示。①直线：在视图区选择两点绘制直线；②圆弧：在视图区选择一点，输入半径，然后再在视图区选择另一点，绘制圆弧；③坐标模式：在视图区显示 XC 和 YC 数值文本框，在文本框中输入所需数值，便可开始绘制草图；④参数模式：在视图区显示"长度"和"角度"文本框，在文本框中输入所需数值即可。

图 1.1.5　"轮廓"工具条

（2）直线：该功能是用约束自动判断创建直线。

（3）圆弧：在视图区选择一点，输入半径，然后再在视图区选择另一点，绘制圆弧。

（4）圆：该功能是通过三点或通过指定其中心和直线创建圆。

（5）派生曲线：该功能是在两条平行直线中间创建一条与另一直线平行的直线，或在两条不平行直线之间创建一条平分线。

（6）快速修剪：该功能是以任意方向将曲线修剪至最近的交点或选定的边界。

（7）制作拐角：该功能是延伸和修剪两条曲线以制作拐点。

（8）圆角：该功能是在两条或 3 条曲线之间进行倒角。

（9）矩形：该功能是用 3 种方法中的一种来创建矩形。

（10）艺术样条：用于绘制复杂曲率的样条曲线。

（11）点：该功能是根据给定的坐标进行绘制点。

（12）自动判断的尺寸：通过选定的对象或者光标的位置自动判断尺寸的类型来创建尺寸约束。如图 1.1.6 所示"自动判断尺寸"菜单，共包含 8 种尺寸约束。

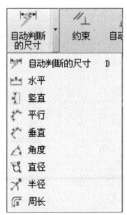

① 水平：在两点之间创建水平约束。

② 竖直：在两点之间创建竖直距离的约束。

③ 平行：在两点之间创建平行距离约束。

④ 垂直：通过直线和点创建垂直距离的约束。

⑤ 角度：在两条不平行的直线之间创建角度约束。

⑥ 直径：在圆上创建直径约束。

⑦ 半径：在圆弧或圆之间创建半径约束。

⑧ 周长：通过创建周长约束来控制直线或圆弧的长度。

图 1.1.6　"自动判断尺寸"菜单

（13）约束：单击草图"约束"命令，选择相关的草图对象，会打开相应的工具条，在打开的工具条中选择所需要的约束方式。

① ▣固定:该约束是将草图对象固定在某个位置。

② ▣完全固定:该约束是将所选草图对象全部固定。

③ ▨共线:该约束定义两条或多条直线共线。

④ ▬水平:该约束定义两条直线相互平行(平行于工作坐标的 XC 轴)。

⑤ ▮竖直:该约束定义两条直线相互平行(平行于工作坐标的 YC 轴)。

⑥ ▨平行:该约束定义两条曲线相互平行。

⑦ ▣垂直:该约束定义两条曲线相互垂直。

⑧ ▭等长:该约束定义两条或多条曲线等长。

⑨ ▭恒定长度:该约束定义选取的曲线为固定的长度。

⑩ ◿恒定角度:该约束定义选取的直线为固定的角度。

⑪ ▮点在曲线上:该约束定义所选的点在某曲线上。

⑫ ▮中点:该约束定义指定点位于曲线中点。

⑬ ◢重合:该约束定义两个或多个点相互重合。

⑭ ◎同心:该约束定义两个或多个圆弧或椭圆弧的圆心相互重合。

⑮ ◎相切:该约束定义两个选取的两个对象相切。

⑯ ⌒等半径:该约束定义选取的两个或多个圆弧等半径。

⑰ ∿均匀比例:该约束定义样条曲线的两端点移动时,保持样条曲线的形状不变。

⑱ ∿非均匀比例:该约束定义样条曲线的两端点移动时,样条曲线的形状改变。

(14)自动约束:单击"自动约束"命令,打开如图 1.1.7 所示对话框,可对所选对象自动创建约束,可全选或全部清除。

(15)显示约束:单击"显示所有约束"命令,系统不显示所有的约束,再次单击则显示所有约束。

(16)显示/移除约束:显示与选定的草图几何图形关联的几何约束,并移除所有这些约束或列出信息,单击"显示/移除约束"命令,打开如图 1.1.8 所示对话框。①选定的对象:显示选

图 1.1.7 "自动约束"对话框

图 1.1.8 "显示/移除约束"对话框

中的草图对象的几何约束。②活动草图中的所有对象:显示当前草图中的所有对象的几何约束。③包含:显示指定类型的几何约束。④排除:显示指定类型以外的其他几何约束。⑤显示约束:显示符合约束条件的对象。⑥信息:查询约束信息。单击该按钮,打开"信息"窗口。

(17)转换至/自参考对象:如图1.1.9所示"转换至/自参考对象"对话框,该功能能将草图曲线从活动转化成引用。①参考:所选对象由草图对象或尺寸转换为参考对象。②活动的:当前所选的参考对象激活,转换为草图对象。

(18)备选解:当对草图进行约束操作时,同一约束条件可能存在多种解决方法,采用"备选解"操作可从一种解法转为另一种解法。

(19)自动判断的约束:控制那些约束在曲线构造过程中自动判断的。在"草图操作"工具条中单击"自动判断约束"命令,打开如图1.1.10所示的对话框。

(20)创建自动判断的约束:用于预先设置约束类型,系统会根据对象间的关系,自动添加相应的约束到草图对象上。

(21)添加现有曲线:单击"添加现有曲线"命令,打开如图1.1.11所示对话框,能够将现有的共面曲线和点添加到草图中。

图1.1.9　"转换至/自参考对象"对话框

图1.1.10　"自动判断约束"对话框

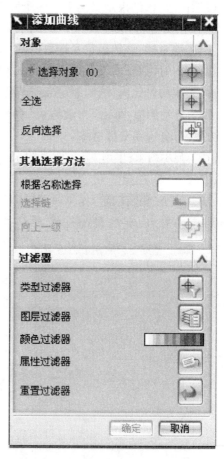

图1.1.11　"添加现有曲线"对话框

(22)投影曲线:单击"投影曲线"命令,打开如图1.1.12所示对话框,能够沿草图平面的法相将曲线、边或点(草图外部)投影到草图上。

（23）偏置曲线：单击"偏置曲线"命令，打开如图 1.1.13 所示对话框，能够偏置位于草图平面内的曲线链。

（24）镜像曲线：单击"镜像曲线"命令，打开如图 1.1.14 所示对话框，能够通过现有草图直线创建草图几何图形的镜像副本，并将此镜像直线转化为参考直线。

图 1.1.13　"偏置曲线"对话框

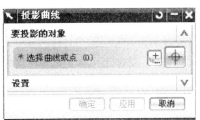

图 1.1.12　"投影曲线"对话框

图 1.1.14　"镜像曲线"对话框

1.1.3　任务实施

1. 新建文件

启动 UGNX6.0 软件，输入文件名：caotu1.prt，选择合适文件夹，如图 1.1.15 所示，单击"确定"后，进入建模环境。

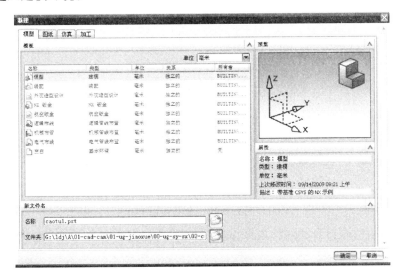

图 1.1.15　新建文件

2. 进入草图环境

单击"特征"工具条中"草图"命令,默认选择基准坐标系"XOY"平面,进入草图环境如图1.1.16所示。

3. 绘制一半草图曲线大致形状

进入草图环境后,默认草图工具"轮廓"命令,完成绘制如图1.1.17所示大致形状的一半草图曲线,右键单击"确定"2次即可。

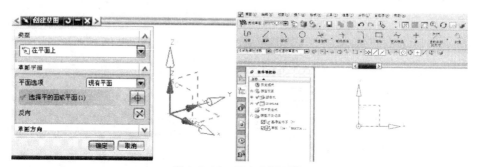

图 1.1.16 进入草图环境

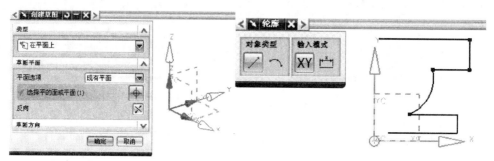

图 1.1.17 绘制一半草图曲线大致形状

4. 草图约束

单击草图工具"约束"命令,选择图形上面水平线左端点,再选择基准坐标系"Y轴",选择"点在曲线上",即可把直线左端点约束在Y轴上;用同样的办法约束最下面水平线左端点到"Y轴"与"X轴"上即到原点上;再把圆弧的中心用"点在曲线上"2次约束到最上面水平线左端点,如图1.1.18所示。

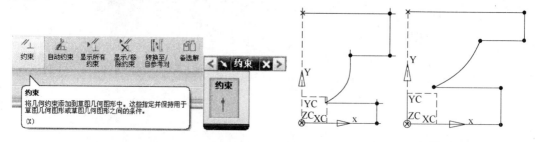

图 1.1.18 草图约束

注意在选择直线端点时光标靠近直线端点即可,选择圆心时光标靠到圆弧中心时圆弧变亮即选中。

5. 尺寸约束

单击草图工具"自动判断的尺寸"命令,分别选中不同的直线和圆弧,输入相应的尺寸并按"Enter"即可,完成尺寸约束如图 1.1.19 所示。

图 1.1.19 尺寸约束

6. 镜像曲线

单击草图工具"镜像曲线"命令,选中"Y 轴"为镜像选择中心线,选中绘制的 7 条草图曲线为要镜像的曲线,单击"应用"或"确定"即可,完成镜像曲线如图 1.1.20 所示。

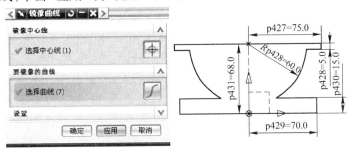

图 1.1.20 镜像曲线

7. 完成草图曲线

单击"草图生成器"中"完成草图"命令,然后单击"实用工具"工具条中"立即隐藏"命令,选择"基准坐标系",并保存文件,完成草图曲线如图 1.1.21 所示,单击"完成草图"即返回建模环境。

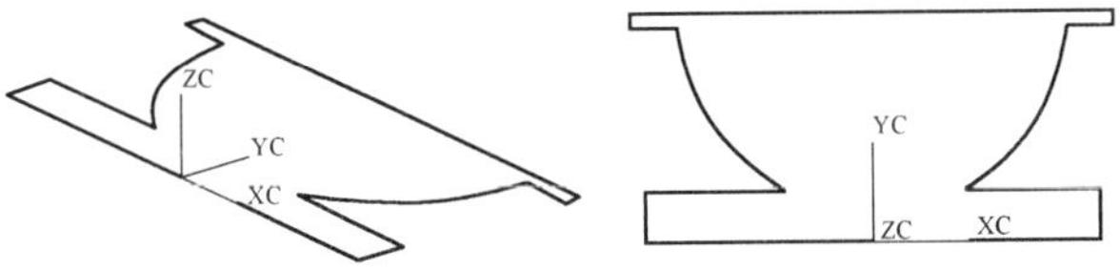

图 1.1.21 完成草图曲线

1.1.4 拓展训练

任务描述:复杂草图曲线实例,创建尺寸如图 1.1.22 所示的复杂草图曲线。

1. 新建文件

启动 UGNX6.0 软件,输入文件名:caotu2.prt,选择合适文件夹,如图 1.1.23 所示,单击"确定"后,进入建模环境。

2. 进入草图环境

单击"特征"工具条中"草图"命令,默认选择基准坐标系"XOY"平面,进入草图环境如图 1.1.24 所示。

3. 绘制参考线

进入草图环境后,默认草图工具"轮廓"命令,完成绘制如图 1.1.25 所示的参考线,并进行位置约束与尺寸约束。

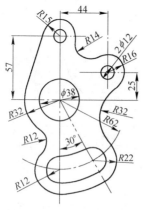

图 1.1.22　复杂草图曲线

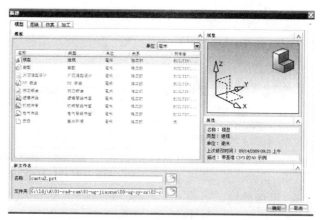

图 1.1.23　新建文件

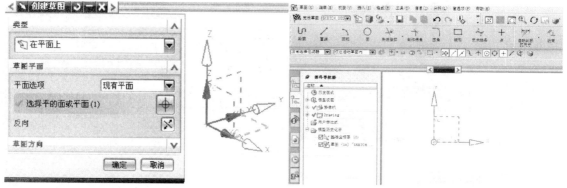

图 1.1.24　进入草图环境

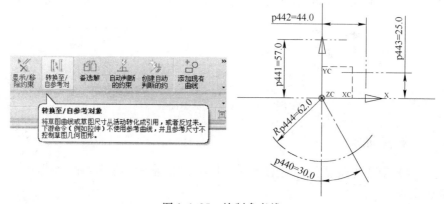

图 1.1.25　绘制参考线

　　注意绘制的参考线开始是实线,选中参考线后,再通过选择"草图工具"工具条"转换至/自参考对象"命令即可。

4. 绘制 5 个圆

　　选择草图工具"圆"命令,按要求在不同位置绘制 5 个圆,并进行尺寸约束,如图 1.1.26 所示。

5. 绘制曲线大致外形并约束

　　单击"草图工具"工具条"轮廓"命令,绘制如图 1.1.26 所示大致外形,由于外形为相切的封闭曲线,因此在绘制外形时应注意连接线之间要相切,如果没有相切,可以通过草图工具"约束"命令来实现,同时把5圆附近的圆弧约束成同心,如图1.1.27所示。

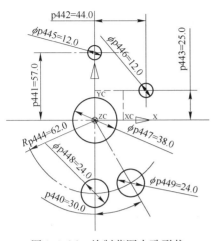

图1.1.26 绘制草图大致形状

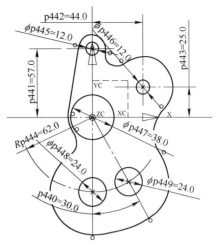

图1.1.27 绘制曲线大致外形

6. 曲线外形尺寸约束

单击"草图工具"工具条"自动判断的尺寸"命令,分别选中不同的圆弧,输入相应的半径尺寸并按"Enter"键即可完成尺寸约束,如图1.1.28所示。

注意如果前面尺寸约束太多显得较乱,可以用"实用工具条"的"立即隐藏"命令,隐藏前面的约束尺寸。

7. 腰形圆弧绘制

单击草图工具"圆弧"命令,绘制2段圆弧分别与2个圆相切,完成后,单击草图工具"快速修剪"命令,去掉腰形内部圆弧,结果如图1.1.29所示。

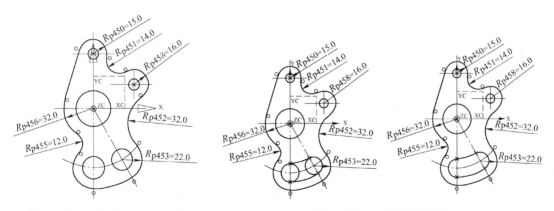

图1.1.28 曲线外形尺寸约束   图1.1.29 绘制腰形圆弧

8. 显示所有约束尺寸

单击"实用工具条"的"显示"命令,把前面所有隐藏的约束尺寸选中即可,显示所有约束尺寸如图1.1.30所示。

9. 完成草图曲线保存文件

单击"草图生成器"中"完成草图"命令,然后单击"实用工具"工具条中"立即隐藏"命令,

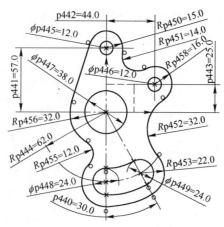

图 1.1.30　显示所有约束尺寸

选择"基准坐标系",并保存文件,完成绘制草图复杂草图曲线,如图 1.1.31 所示,单击"完成草图"即返回建模环境。

任务 1.2　曲　线

知 识 目 标	能 力 目 标	建议学时
(1)掌握各种曲线的基本绘制方法; (2)熟练绘制出直线、圆弧、矩形等几何图形的操作。	(1)学会各种曲线的绘制与编辑方法; (2)能够熟练绘制出各种复杂曲线。	6

1.2.1　任务导入

任务描述:曲线造型,要求利用曲线功能完成尺寸如图 1.2.1 所示曲线。

1.2.2　知识链接

1. 曲线工具条

曲线工具包括绘制直线、圆弧、圆、样条曲线等。可以通过"插入"→"曲线"命令绘制不同形状的曲线,常用的是通过"实用工具"工具条显示曲线命令,下面对常用的功能进行简要介绍,如图 1.2.2 所示"曲线"工具条。

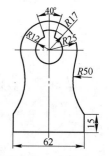

图 1.2.1　曲线造型 1

图 1.2.2　"曲线"工具条

(1)直线:创建直线。

(2)圆弧/圆:创建圆弧和圆的特征。

（3）"直线和圆弧工具条"：创建直线或圆弧的特征。

（4）"基本曲线"工具条：如图1.2.3所示"基本曲线"工具条，该功能提供直线、圆弧、圆、圆角、修剪与编辑曲线参数命令。

图1.2.3 "基本曲线"工具条

（5）样条：通过不同方法来创建样条曲线。

（6）文本：创建文本。

（7）点：通过坐标创建点。

（8）点集：利用现有的几何体创建点集。

（9）曲线倒斜角：对两条边的直线或曲线的尖角进行倒斜角。

（10）矩形：通过选择两个对角点来创建矩形。

（11）多边形：创建具有指定数量边的多边形。

（12）椭圆：通过指定中心、长短轴半径创建椭圆。

（13）抛物线：通过指定抛物线顶点、焦距等创建抛物线。

（14）螺旋线：通过指定圈数、螺距、半径方法、旋向创建螺旋线。

（15）规律曲线：通过规律函数来创建规律曲线。

（16）偏置曲线：对已存在的曲线以一定的偏置方式得到新的曲线。

（17）连结曲线：将曲线连结在一起以创建单个样条曲线。

（18）投影曲线：将曲线、边或投影至面或平面。

（19）镜像曲线：从穿过基准平面或曲平面创建镜像曲线。

（20）相交曲线：创建两个曲面之间的交线。

（21）截面曲线：通过平面与体、平面与曲线相交来创建曲线和点。

（22）抽取曲线：从体的边和面创建曲线。

2. 曲线的编辑

选择"编辑"→"曲线"选项或选择"编辑曲线"工具条中的命令，可以实现曲线的编辑、修剪、拉长与光顺样条，如图1.2.4所示"曲线"菜单/"编辑曲线"工具条。

图1.2.4 "曲线"菜单/"编辑曲线"工具条　　　图1.2.5 "编辑曲线参数"对话框

（1）编辑曲线参数：利用曲线的编辑参数可以编辑直线、圆弧、圆、样条曲线等，如图1.2.5所示"编辑曲线参数"对话框。

（2）修剪曲线：该功能用于修剪和延伸曲线到指定的位置，如图1.2.6所示"修剪曲线"

对话框。

（3）曲线长度：拉长所选直线，如图 1.2.7 所示"曲线长度"对话框。

（4）光顺样条：该功能是利用最小化曲率大小或曲率变化来移除样条的小缺陷，如图 1.2.8 所示"光顺样条"对话框。

图 1.2.6 "修剪曲线"对话框

图 1.2.7 "曲线长度"对话框

图 1.2.8 "光顺样条"对话框

1.2.3 任务实施

1. 新建文件

启动 UG NX6.0 软件，输入文件名：quxian1.prt，选择合适文件夹，如图 1.2.9 所示，单击"确定"后，进入建模环境。

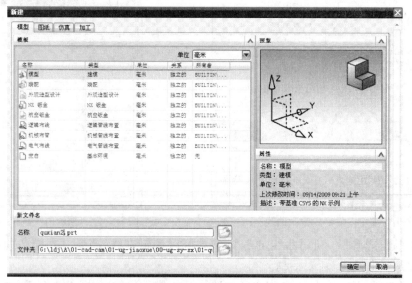

图 1.2.9 新建文件

2. 转入 XY 平面

按"Ctrl + Alt + T"组合键,将视图转入 XY 工作平面。

3. 绘制直线

单击"曲线"工具条"基本曲线"命令,勾选"线串模式",在跟踪条内依次输入坐标(-31,15,0)、(-31,0,0)、(31,0,0)、(31,15,0),注意在跟踪条输入不同坐标时,不需动鼠标,用"Tab"实现切换,每次输入一组坐标时按"Enter"键即可,完成 3 段直线绘制,如图 1.2.10 所示。

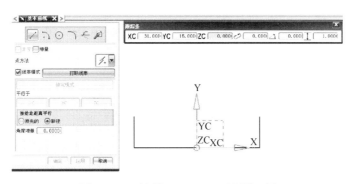

图 1.2.10 绘制 φ45、φ100 两个同心圆

4. 绘制 φ50 圆

单击"曲线"工具条"基本曲线"命令,选择"圆"命令,在圆心(0,70,0)处绘制 φ50 圆,如图 1.2.11 所示。

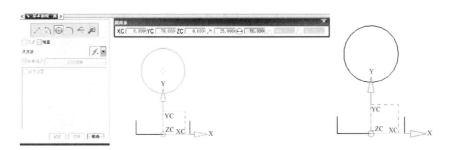

图 1.2.11 绘制公切线

5. 绘制 R17、R12 圆弧

单击"曲线"工具条"基本曲线"命令,选择"圆弧"命令,在跟踪条内依次输入坐标(0,70,0),半径"17",起始角"70",终止角"110",按"Enter"键,完成 R17 圆弧绘制;用同样办法,输入坐标(0,70,0),半径"12",起始角"110",终止角"430",按"Enter"键,完成 R12 圆弧绘制,如图 1.2.12 所示。

6. 绘制连接线

单击"曲线"工具条"基本曲线"命令,选择"直线"命令,去掉"线串模式",选中 R12 和 R17 两个圆弧端点即可,完成连接线的绘制,如图 1.2.13 所示。

7. 倒圆

单击"曲线"工具条"基本曲线"命令,单击"圆角"命令,选中"2 曲线圆角",输入半径"50",修剪选项都不选,依次选择 R25 圆弧右侧、用点的方法选择右边直线端点,并在图形右

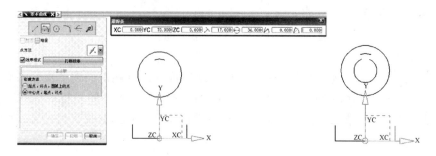

图 1.2.12　绘制 R17、R12 圆弧

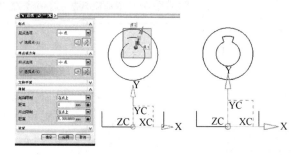

图 1.2.13　绘制公切线

侧圆心大致位置单击一下即可完成右侧圆弧连接,用同样方法,依次选左边直线端点、R25 圆弧左侧及圆心大致位置,完成左侧圆弧绘制,如图 1.2.14 所示。

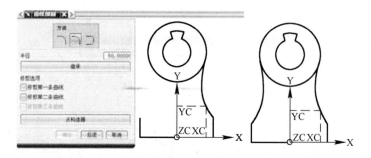

图 1.2.14　绘制公切线

8. 修剪曲线

单击"曲线"工具条"基本曲线"命令,单击"修剪"命令,选择要修剪的 R25 圆弧及 2 个连接圆弧作边界即可,完成修剪后形状,如图 1.2.15 所示,最后保存文件。

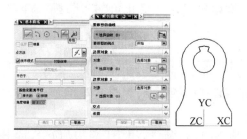

图 1.2.15　绘制公切线

1.2.4 拓展训练

任务描述:吊钩曲线造型,要求利用曲线功能完成尺寸如图1.2.16所示的吊钩曲线。

1. 新建文件

启动 UG NX6.0 软件,输入文件名:diaogou. prt,选择合适文件夹,如图1.2.17 所示,单击"确定"后,进入建模环境。

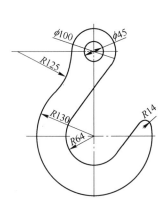

图1.2.16 吊钩曲线

图1.2.17 新建文件

2. 转入 XY 平面

按"Ctrl + Alt + T"组合键,将视图转入 XY 工作平面。

3. 绘制 $\phi45$、$\phi100$ 两个同心圆

单击"曲线"工具条"基本曲线"命令,选择"圆"命令,在坐标原点绘制 $\phi45$、$\phi100$ 两个同心圆,如图1.2.18 所示。

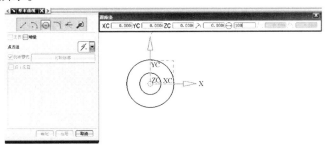

图1.2.18 绘制 $\phi45$、$\phi100$ 两个同心圆

4. 绘制 $\phi250$ 圆

单击"曲线"工具条"基本曲线"命令,选择"圆"命令,在圆心(-175,0,0)处绘制 $\phi250$ 圆,如图1.2.19 所示。

5. 绘制 $\phi260$、$\phi128$ 圆

单击"曲线"工具条"基本曲线"命令,单击"直线"命令,去掉"线串模式",以起点(0,60,0),终点(0, -350,0)绘制一段直线作为辅助线,同时在圆心(-175,0,0)处绘制 $\phi255$(125 + 130)圆作为辅助圆,如图1.2.20 所示;最后在辅助圆与辅助线交点处绘制 $\phi260$ 圆,在绘制该圆时,选点方式"交点",单击辅助圆和辅助线即可确定圆心,输入半径(或直径)即可,完成后继续在该交点处绘制 $\phi128$ 圆,可以删除辅助圆,如图1.2.20 所示。

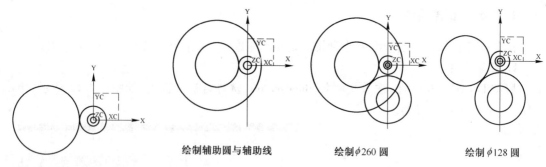

图 1.2.19　绘制 φ250 圆

绘制辅助圆与辅助线　　　　绘制 φ260 圆　　　　绘制 φ128 圆

图 1.2.20　绘制 φ260、φ128 圆

6. 绘制公切线

单击"曲线"工具条"基本曲线"命令,单击"直线"命令,去掉"线串模式",选中 φ45 和 φ128 两个圆即可完成公切线的绘制,如图 1.2.21 所示。

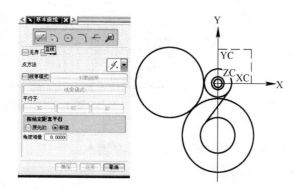

图 1.2.21　绘制公切线

7. 偏移曲线

单击"曲线"工具条"偏置曲线"命令,选中公切线,在公切线上方任意位置单击一次,单击 "确定"即可完成公切线的偏置,如图 1.2.22 所示。

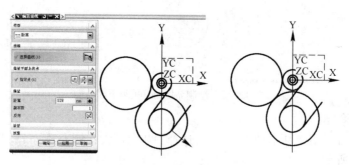

图 1.2.22　偏移曲线

8. 修剪曲线

单击"曲线"工具条"基本曲线"命令,单击"修剪"命令,选择要修剪的曲线及 2 个边界即 可,完成修剪后形状,如图 1.2.23 所示。

9. 倒圆

单击"曲线"工具条"基本曲线"命令,单击"圆角"命令,选中"2 曲线圆角",输入半径

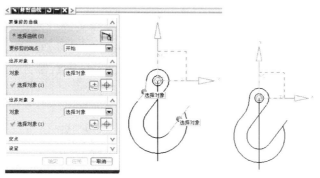

图 1.2.23　绘制公切线

"14",依次选择大圆弧、偏置直线,并在二者之间大致位置点击一次以确定圆心即可,如图 1.2.24 所示。

10. 绘制中心线

单击"曲线"工具条"直线"命令,绘制中心线,完成后选中该中心线,单击右键选择"编辑显示",打开"编辑显示对象"对话框,选择线型"中心线"、线宽"细线",单击"确定"完成曲线绘制,如图 1.2.25 所示,最后保存文件。

图　1.2.24

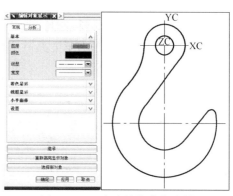

图 1.2.25　完成吊钩曲线绘制

任务 1.3　实体建模

知 识 目 标	能 力 目 标	建议学时
(1) 掌握建模的视图布局、工作图层、对象操作、坐标系设置、参数设置等操作; (2) 熟练掌握简单实体的建模方法,建立基本实体模型,包括长方体、圆柱体、圆锥体和球体等; (3) 熟练掌握基准面的建立及对模型进行细节特征操作以及特征编辑的方法。	(1) 能够进行建模的视图布局、工作图层、对象操作、坐标系设置、参数设置等; (2) 能够运用实体的建模方法,会创建包括长方体、圆柱体、圆锥体和球体等基本实体模型; (3) 能够创建基准面、对模型进行细节特征操作以及编辑模型特征等; (4) 能够运用实体特征及特征操作创建各种复杂实体模型。	20

1.3.1　任务导入

任务描述:半圆头铆钉为标准件,代号为铆钉 GB863.1—86—20×50,如图 1.3.1 所示,其公称尺寸:$d=20$,$d_k(\max)=36.4$,$k(\max)=14.8$,$R\approx18$,$r=0.8$,铆钉长度 32~150,本例 $l=50$,具体尺寸如图 1.3.2 所示,创建半圆头铆钉实体模型。

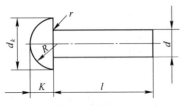

图 1.3.1　半圆头铆钉标准尺寸对照

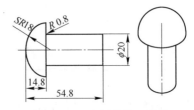

图 1.3.2　半圆头铆钉尺寸

1.3.2　知识链接

1. 坐标系

坐标系是用来确定对象的方位。UG NX6.0 建模时,一般使用两种坐标系:绝对坐标系(ACS)和工作坐标系(WCS)。

选择"格式"→WCS 选项,即打开如图 1.3.3 所示的子菜单,一般情况下,如图 1.3.4 所示,通过"实用工具"工具条右下方黑三角符号点开子菜单,勾选不同坐标系,则在界面上方出现快捷工具条,如图 1.3.5 所示。

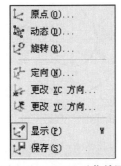

图 1.3.3　WCS 子菜单图

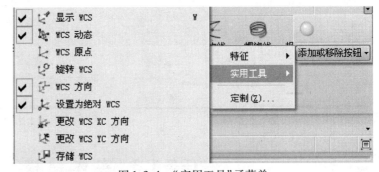

图 1.3.4　"实用工具"子菜单

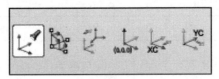

图 1.3.5　WCS 快捷工具条

(1) 显示 WCS:打开或关闭工作坐标系,一般应打开显示。

(2) WCS 动态:动态移动和重定向 WCS。

(3) WCS 原点:移动 WCS 的原点。

(4) 旋转 WCS:围绕其轴旋转 WCS。

(5) WCS 方向:重新定向 WCS 到新的坐标系,操作与旋转类似。

(6) 更改 WCS XC 方向:重新定向 WCS 的 X 轴。

(7) 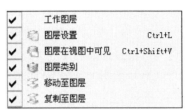更改 WCS YC 方向：重新定向 WCS 的 Y 轴。

(8) 设置为绝对 WCS：将 WCS 移动到绝对坐标系的位置和方位。

(9) 存储 WCS：将当前的工作坐标系保存。

2. 图层设置

图层是用于在空间使用不同的层次来放置几何体的一种设置。在整个建模过程中最多可以设置 256 个图层。用多个图层来表示设计模型，每个图层上存放模型中的部分对象，所有图层对其叠加起来就构成了模型的所有对象。用户可以根据自己的需要通过设置图层来显示或隐藏对象等。在组件的所有图层中，只有一个图层是当前工作图层，所有工作只能在工作图层上进行。可以设置其他图层的可见性、可选择性等来辅助建模工作。如果要在某图层中创建对象，则应在创建前使其成为当前工作层。图层的操作可以通过"格式"菜单中如图 1.3.6 所示的图层工具进行修改。

图 1.3.6　"实用工具"中的图层选项

1）图层设置

通常根据对象类型来设置图层和图层的类别。有关图层的设置通过选择"格式"→"图层设置"选项或单击"实用工具"工具条中的"图层设置"命令，打开如图 1.3.7 所示的"图层设置"对话框。

图 1.3.7　"图层设置"对话框

（1）工作图层：将指定的一个图层设置为工作图层。

（2）类别：用于输入范围或图层种类的名称，并在"类别显示"中显示出来。

（3）类别显示：用于控制图层种类列表框中显示图层类条数目，用通配符"＊"表示。

（4）添加类别：用于增加一个或多个图层。

（5）信息：显示选定图层类所描述的信息。

（6）图层/状态：如图 1.3.7 所示的列表框显示满足过滤条件的所有图层。

（7）可选：指定的图层可见并可被选中。

（8）设为工作图层：把指定的图层设置为工作图层。

（9）仅可见：对象可见但不可选择它的属性。

（10）不可见：对象不可见且不可选择。

（11）"显示"下拉列表框：控制在"图层/状态"列表框中图层的显示。且包括"所有图层"、"所有可见图层"、"含有对象的图层"和"所有可选图层"4个选项。

2）视图中的可见图层

选择"格式"→"视图中的可见图层"选项，或单击"实用工具"工具条中的"图层在视图中可见"命令，打开如图 1.3.8（a）所示的"视图中的可见图层"视图选择对话框。双击"TFR – TRI"则打开如图 1.3.8（b）所示的"视图中的可见图层"对话框，在该对话框中可设置图层可见或不可见。

3）图层类别

图层类别是对图层进行有效的管理，可将多个图层构成一组，每一组称为一个图层类。选择"格式"→"图层类别"选项或单击"实用工具"工具条中的"图层类别"命令，或按快捷键"Ctrl + Shift + V"，打开"图层类别"对话框，如图 1.3.9 所示，该对话框中包括如下内容。

（a）   （b）

图 1.3.8 "视图中的可见图层"对话框   图 1.3.9 "图层类别"对话框

（1）过滤器：控制"图层类别"列表框中显示的图层类条目，可使用通配符。

（2）图层类列：显示满足过滤条件的所有图层类条目。

（3）类别：在"类别"文本框中可输入要建立的图层类名。

（4）创建/编辑：建立或编辑图层类。主要是建立新的图层类，并设置该图层类所包含的图层和编辑该图层。

（5）删除：删除选定的图层类。

（6）重命名：改变选定的一个图层类的名称。

（7）描述：显示图层类描述信息或输入图层类的描述信息。

（8）加入描述：如果要在"描述"文本框中输入信息，就必须单击"加入描述"按钮，这样才能使描述信息生效。

3. 视图布局

视图布局是按照用户的定义把视图进行排列,为了使用户比较方便地观察和操作,一个视图布局最多可以排列 9 个视图,而且用户可以在视图中任意选择对象。视图布局的操作主要是控制视图布局的状态和显示情况。用户根据需要可以将工作区分为多个视图,以便进行组件的编辑和实体模型的观察。

4. 表达式

表达式是对模型的特征进行定义的运算和条件公式语句。利用表达式定义公式的字符串。通过编辑公式,可以编辑参数模型。表达式用于控制部件的特性,定义模型的尺寸。选择"工具"→"表达式"选项,或者按快捷键"Ctrl + E",打开如图 1.3.10 所示的"表达式"对话框,在"名称"文本框中输入表达式的名称,选择长度和单位类型,在表达式的"公式"文本框中输入数值或字符串,单击"确定"按钮完成。

图 1.3.10 "表达式"对话框

5. 对象操作

1)选择对象的方法

选择"信息"→"对象"选项,打开"类选择"对话框,如图 1.3.11 所示。可以选择以下几种方式进行对象的过滤选择。

(1)类型过滤器:单击"类型过滤器"按钮,打开如图 1.3.12 所示的"根据类型选择"对话框,在该对话框中可设置需要包括以及要排除的对象。

(2)图层过滤器:单击"图层过滤器"按钮,打开如图 1.3.13 所示的"根据图层选择"对话框,通过该对话框可以设置对象的所在层是包含还是排除。

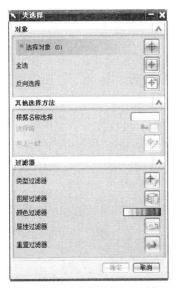

图 1.3.11 "类选择"对话框　　图 1.3.12 "根据类型选择"对话框　　图 1.3.13 "根据图层选择"对话框

（3）颜色过滤器：顾名思义,颜色过滤器用来改变选取对象的颜色。

（4）属性过滤器：对选取对象的线型、线宽等进行过滤。

（5）重置过滤器：把选取的对象恢复成系统默认的过滤形式。

2）部件导航器

如图 1.3.14 所示,建模操作中,图形的左边"部件导航器"显示建模的操作步骤。

3）对象的选择

在很多情况下,需要用到对象选择。选择"编辑"→"选择"选项后系统会打开如图 1.3.15 所示的"选择"子菜单。①特征：只对模型的特征进行选择,边、体等不被选择。②多边形：多用于对多边形的选择。③全选：对所有的对象进行选取。

图 1.3.14　部件导航器图

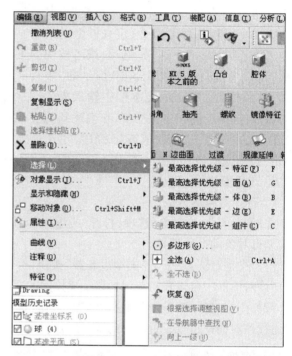

图 1.3.15　对象的选择

4）显示和隐藏对象

当所画对象比较复杂时,全部显示不仅占用系统资源,而且还会影响作图,为了方便绘图,需要选择显示和隐藏对象。选择"编辑"→"显示和隐藏"选项,打开"显示和隐藏"子菜单,或者通过"实用工具"工具条选择"显示"快捷命令,如图 1.3.16 所示。

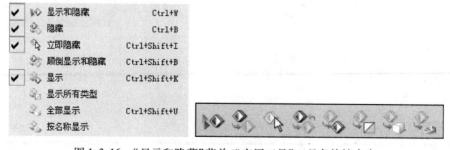

图 1.3.16　"显示和隐藏"菜单/"实用工具"工具条快捷命令

（1）![显示和隐藏图标]显示和隐藏:对选择的对象进行显示或隐藏。

（2）![隐藏图标]隐藏:隐藏指定的一个或多个对象。

（3）![立即隐藏图标]立即隐藏:一旦选择后,就立即隐藏对象。

（4）![颠倒显示和隐藏图标]颠倒显示和隐藏:把当前隐藏的对象显示,将显示的对象隐藏。

（5）![显示图标]显示:使选定的对象在显示中可见。

（6）![显示所有类型图标]显示所有类型:将重新显示所有隐藏的对象。

（7）![全部显示图标]全部显示:显示可选图层的所有对象。

（8）![按名称显示图标]按名称显示:把隐藏的名称恢复显示。

5）对象几何分析

分析对工程设计提供了强大的支持,使模型显得更加完美。利用它可以实现对长度、角度、体等特性的数学分析,如图1.3.17所示"分析"菜单,主要命令含义如下。

（1）测量体:分别可以测量体的体积、表面积、质量、回转半径、重量,如图1.3.18所示。

（2）测量距离:测量两个对象之间的距离、曲线长度、圆或圆弧的半径、圆柱的尺寸等。

（3）测量角度:用来测量角度。

（4）单位:可以修改分析的单位,不同的运用要求的单位也就不同。

在建模等操作之前,可进行首选项设置,通过首选项菜单,如图1.3.19所示,可以设置对象、用户界面、资源板、可视化、背景、草图等选项,以便优化、显示合适的界面,熟练应用软件后可按需进行合理优化设置。

图1.3.17 "分析"菜单

图1.3.18 测量体　　　　图1.3.19 "首选项"菜单

6. 创建基本实体模型

基本实体模型是实体建模的基础,通过相关操作可以建立各种基本实体,包括长方体、圆柱体、圆锥体和球体等,如图1.3.20所示"特征"工具条。

图 1.3.20　"特征"工具条

1) 长方体

如图1.3.21所示"长方体"对话框,默认为原点和边长类型,通过指定原点,以及长度、宽度、高度来建立长方体,并可以与其他实体进行布尔操作。创建长方体还可通过两点和高度、两个对角点共3种类型,如图1.3.22所示。

图 1.3.21　"长方体"对话框

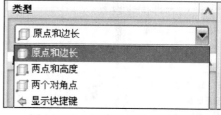

图 1.3.22　创建长方体3种类型

2) 圆柱

如图1.3.23所示"圆柱"对话框,创建圆柱可通过轴、直径和高度,圆弧和高度两种类型,轴线通过指定矢量与指定点,以及直径、高度来建立圆柱体,并可以与其他实体进行布尔操作。

3) 圆锥

如图1.3.24所示"圆锥"对话框,圆锥命令可通过直径和高度,直径和半角,底部直径、高度和半角,顶部直径、高度和半角,两个共轴的圆弧五种类型,如图1.3.25所示,轴线通过指定矢量与指定点,以及底部直径、顶部直径和高度来建立圆锥体,并可以与其他实体进行布尔操作。

4) 球

如图1.3.26所示"球"对话框,球命令可通过中心点和直径,圆弧两种类型,指定中心点,以及球体直径建立球体,并可以与其他实体进行布尔操作。

7. 由曲线创建实体模型

1) 拉伸

拉伸特征是将截面轮廓草图进行拉伸生成实体或片体。其草绘截面可以是封闭的也可以

图1.3.23 "圆柱"对话框

图1.3.24 "圆锥"对话框

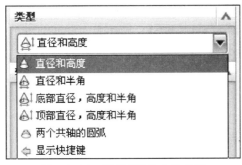

图1.3.25 创建圆锥体3种类型

图1.3.26 "球"对话框

是开口的,可以由一个或者多个封闭环组成,封闭环之间不能自交,但封闭环之间可以嵌套,如果存在嵌套的封闭环,在生成添加材料的拉伸特征时,系统自动认为里面的封闭环类似于孔特征。选择"插入"→"设计特征"→"拉伸"选项,或者单击"特征"工具条中的"拉伸"命令,打开如图1.3.27所示的"拉伸"对话框,选择用于定义拉伸特征截面曲线。对话框中各选项含义如下。

(1)截面:选择曲线用来指定使用已有草图来创建拉伸特征,或者通过绘制草图来创建拉伸特征。

(2)方向:指定矢量用于设置所选对象的拉伸方向,在该选项组中选择所需的拉伸方向或者单击对话框中的图标,打开如图1.3.28所示的"矢量"对话框,在该对话框中选择所需拉伸方向。反向:使拉伸方向反向。

(3)限制:用于限制拉伸的起始位置和终止位置。

(4)布尔:选择布尔操作不同类型。

(5)拔模:通过设置拔模可以拉伸带有锥度的实体。

(6)偏置:指在截面曲线单侧、两侧或两侧对称生成拉伸特征。

(7)设置:设置拉伸体类型为实体或片体。

（8）预览：用户可预览绘图工作区的临时实体的生成状态，以便及时修改和调整。

2）回转

回转特征是由特征截面曲线绕旋转中心线旋转而成的一类特征，它适合于构造回转体零件特征。选择"插入"→"设计特征"→"回转"选项，或者单击"特征"工具条中的"回转"命令，打开如图 1.3.29 所示对话框，选择用于定义拉伸特征的截面曲线。对话框中各选项含义如下。

图 1.3.27 "拉伸"对话框

图 1.3.28 "矢量"对话框

图 1.3.29 "回转"对话框

（1）截面：选择曲线用来指定使用已有草图来创建回转特征，或者通过绘制草图来创建回转特征。

（2）轴：指定矢量用于设置所选对象的回转轴方向，在该选项组中选择所需的回转轴方向或者单击对话框中的图标，打开"矢量"对话框，在该对话框中选择所需回转轴方向，反向使回转方向反向；指定点可以选择要进行旋转操作的基准点。

（3）限制：用于限制旋转的起始角度和终止角度。

（4）布尔：可以选择其他实体进行不同的布尔操作。

（5）偏置：直接以截面曲线生成回转特征或者在截面曲线两侧生成回转特征。

（6）设置：设置回转体类型为实体或片体。

（7）预览：用户可预览绘图工作区的临时实体的生成状态，以便及时修改和调整。

3）沿引导线扫掠

沿引导线扫掠特征是指由截面曲线沿引导线扫描而成的一类特征。选择"插入"→"扫掠"→"沿引导线扫掠"选项，或者单击"特征"工具条中的"沿引导线扫掠"命令，打开如图 1.3.30 所示的"沿引导线扫掠"对话框。对话框中各选项含义如下。

（1）截面:选择需要扫掠的截面曲线。

（2）引导线:选择用于扫掠的引导线曲线。

（3）偏置:设定第一偏置和第二偏置。

（4）布尔:确定布尔操作类型,即可完成操作。

4）管道

管道特征是指把引导线作为旋转中心线旋转而成的一类特征。需要注意的是,引导线必须光滑、相切和连续。选择"插入"→"扫掠"→"管道"选项,或者单击"特征"工具条中的图标,打开如图 1.3.31 所示的"管道"对话框。在视图区选择引导线,在该对话框中设置参数,然后单击按钮,创建管道特征。

图 1.3.30　"沿引导线扫掠"对话框图　　　　图 1.3.31　"管道"对话框

（1）横截面用于设置管道的内、外径。外径值必须大于 0.2,内径值必须大于或等于 0,且小于外径值。

（2）设置用于设置管道面的类型,有单段和多段两种类型。选定的类型不能在编辑过程中被修改。

8. 布尔运算

如果 UG 中存在多个体素特征,建模时需要在体素特征间进行布尔运算,以实现求和、求差、求交等功能。灵活运用实体间的布尔运算功能,可以将复杂形体分解为若干基本形体,分别建模后进行布尔运算,合并为实体模型。UG NX 6.0 的布尔运算的主要功能可以通过在菜单区选择"插入"→"组合体"选项,打开如图 1.3.32 所示的"组合体"子菜单,从中选择相应的选项来实现。

9. 基准的建立

在 UG NX6.0 的建模中,经常需要建立基准平面、基准轴和基准 CSYS。UG NX6.0 提供了基准建模工具,通过选择"插入"→"基准/点"选项可以显示,或者通过快捷命令来实现,如图 1.3.33 所示。

1）基准平面

基准平面的主要作用为辅助在圆柱、圆锥、球、回转体上建立形状特征,当特征定义平面和目标实体上的表面不平行(垂直)时,辅助建立其他特征,或者作为实体的修剪面。

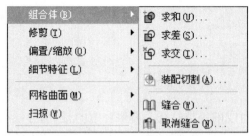

图 1.3.32　"组合体"子菜单

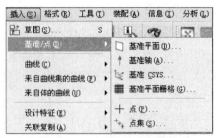

图 1.3.33　"基准/点"菜单

2）基准轴

基准轴的主要作用为建立回转特征的旋转轴线,建立拉伸特征的拉伸方向。

3）基准 CSYS

基准 CSYS 用于辅助建立基本特征时的参考位置,例如,特征的定位以及点的构造。

10. 特征操作

创建实体模型后,通过设计特征操作,在实体上创建辅助特征,包括孔、圆台、腔体、凸台、键槽、槽等。

1）孔

单击"特征"工具条中的"NX5 版本之前的",打开"孔"对话框,如图 1.3.34 所示,孔操作有 3 种类型,分别为简单孔、沉头孔和埋头孔。

2）凸台

单击"特征"工具条中的"凸台"命令,打开如图 1.3.35 所示的"凸台"对话框。该功能可以在已存在的实体表面上作为放置面创建圆柱形或圆锥形凸台,通过过滤器任意、面或基准平面限制可用的对象类型帮助选择需要的对象,并通过定位功能来确定凸台的位置,凸台创建完成后与原实体为一个整体。

图 1.3.34　"孔"对话框

图 1.3.35　"凸台"对话框

3）腔体

单击"特征"工具条中的"腔体"命令,打开如图 1.3.36(a)所示的创建"腔体"对话框,经过 5 个步骤便可完成腔体创建,即选择腔体类型、选择腔体放置面、选择腔体水平方向、输入腔体参数和腔体定位。

注意:①矩形腔体的拐角半径的值必须大于或等于 0;底面半径的值必须大于或等于 0,且小于拐角半径;锥角(用于设置矩形腔的倾斜角度)的值必须大于或等于 0°。②圆柱形腔体底面半径(用于设置圆柱形腔底面的圆弧半径)必须大于或等于 0,并且小于深。③锥角(用于设置圆柱形腔的倾斜角度)必须大于或等于 0°。

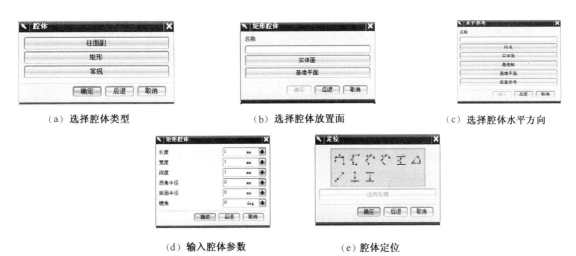

（a）选择腔体类型　　　　　（b）选择腔体放置面　　　　　（c）选择腔体水平方向

（d）输入腔体参数　　　　　（e）腔体定位

图 1.3.36　创建"腔体"步骤

4）垫块

垫块的创建与凸台类似,垫块与凸台最主要的区别在于垫块创建的是矩形凸台,而凸台创建的是圆柱或圆锥凸台。

5）键槽

单击"特征"工具条中的"键槽"命令,打开如图 1.3.37(a)所示的创建"键槽"对话框,键槽主要有以下 5 种类型:矩形键槽、球形键槽、U 形键槽、T 形键槽、燕尾形键槽。创建键槽需经过 5 个步骤便可完成键槽创建,即选择键槽类型、选择键槽放置面、选择键槽水平方向、输入键槽参数和键槽定位。

（a）选择键槽类型　　　　　（b）选择键槽放置面　　　　　（c）选择键槽水平方向

（d）输入键槽参数　　　　　（e）键槽定位

图 1.3.37　创建"键槽"步骤

6）开槽

通过"特征"工具条"开槽"命令可以创建退刀槽等沟槽,槽的类型有以下3种:矩形、球形端槽、U形槽。创建开槽要经过如图1.3.38所示5个步骤,即选择开槽类型、选择放置面、输入开槽直径与宽度、选择定位目标边、选择定位刀具边、创建开槽定位表达式,注意在选择开槽放置面时必须是圆柱或圆锥面,如图1.3.38所示为创建"开槽"7个步骤。

7）三角形加强筋

单击"特征"工具条中的"三角形加强筋"命令,打开如图1.3.39所示的"三角形加强筋"对话框。该对话框用于在两组相交面之间创建三角形加强筋特征。对话框中各功能介绍如下。

（1）第一组:单击该图标,选择欲创建的三角形加强筋的第一组放置面。

（a）选择开槽类型

（b）选择放置面

（c）输入开槽直径与宽度

（d）选择定位目标边

（e）选择定位刀具边

（f）创建开槽定位表达式

（g）开槽效果

图1.3.38　创建"开槽"步骤

（2）第二组:单击该图标,选择欲创建的三角形加强筋的第二组放置面。

（3）位置曲线:在第二组放置面的选择超过两个曲面时,该按钮被激活,用于选择两组面多条交线中的一条交线作为三角形加强筋的位置曲线。

（4）位置平面:单击该图标,指定与工作坐标系或绝对坐标系相关的平行平面或在视图区指定一个已存在的平面位置来定位三角形加强筋。

（5）方向平面:单击该图标,指定三角形加强筋的倾斜方向的平面,方向平面可以是已存在平面或基准平面,默认的方向平面是已选两组平面的法向平面。

（6）修剪选项:设置三角形加强筋的裁剪方法。

（7）方法:设置三角形加强筋的定位面,包括"沿曲线"和"位置"定位两种方式。① 沿曲线:采用交互式的方法在两面相交的曲线上选择一点。可通过指定"圆弧长"或"%弧长"值来定位。② 位置:选择该选项,利用坐标系来定义三角形加强筋中心线位置。

11. 细节特征操作

细节特征操作是指对已经存在的实体或特征进行各种操作以满足设计的要求,例如,倒圆、倒角和拔模。

1）拔模

单击"特征操作"工具条中的"拔模"命令,打开如图1.3.40所示的"拔模"对话框。该对话框用于以一定的角度沿着拔模方向改变选择的面。拔模有四种方式：从平面、从边、与多个面相切和至分型边。

2）边倒圆

单击"特征操作"工具条中的"边倒圆"命令，打开如图 1.3.41 所示的"边倒圆"对话框。该对话框用于在实体上沿边缘去除材料或添加材料，使实体上的尖锐边缘变成圆滑表面（圆角面）。

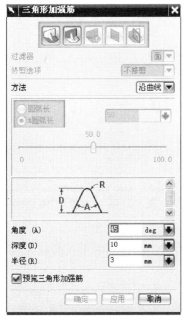

图 1.3.39　"三角形加强筋"对话框

图 1.3.40　"拔模"对话框

图 1.3.41　"边倒圆"对话框图

3）倒斜角

单击"特征操作"工具条中的"倒斜角"命令，打开如图 1.3.42 所示的"倒斜角"对话框。该命令用于在已存在的实体上沿指定的边缘作倒角操作。

4）面倒圆

单击"特征操作"工具条中的"面倒圆"命令，打开如图 1.3.43 所示的"面倒圆"对话框。创建与两组面相切的复杂圆角，可设置两种方式的圆形横截面生成方法：滚动球和扫掠截面。

滚动球类型需选择面倒角的两个面集，倒圆横截面，约束和限制几何（即在两个面集上选择一条或多条边作为陡边，使倒角面在两个面集上相切到陡边处，在选择陡边时，不一定要在两个面集上都指定陡边），选择相切曲线（在视图区选择相切控制曲线，系统会沿着指定的相切控制曲线，保持倒角表面和选择面集的相切，从而控制倒角的半径，相切曲线只能在一组表面上选择，不能在两组表面上都指定一条曲线来限制圆角面的半径）。

扫掠截面类型扫掠截面与滚动球不同的是在倒圆横截面中多了个"选取脊曲线"命令，其余的和滚动球的相同。

5）软倒圆

单击"特征操作"工具条中的"软倒圆"命令，打开如图 1.3.44 所示的"软倒圆"对话框。该选项用于根据两相切曲线及形状控制参数来决定倒圆形状，可以更好地控制倒圆的横截面形状。"软倒圆"与"面倒圆"的选项与操作基本相似。不同之处在于"面倒圆"可指定两相切曲线来决定倒角类型及半径,而"软倒圆"则根据两相切曲线及形状参数来决定倒角的形状。

图 1.3.42 "倒斜角"对话框　　　　图 1.3.43 "面倒圆"对话框图　　　　图 1.3.44 "软倒圆"对话框

6)螺纹

单击"特征操作"工具条中的"螺纹"命令,打开"螺纹"对话框。该命令用于在圆柱面、圆锥面上或孔内创建螺纹。

螺纹类型螺纹有两种类型:"符号"类型和"详细"类型。

(1)符号:用于创建符号螺纹,如图 1.3.45 所示,系统生成一个象征性的螺纹,用虚线表示。同时节省内存,加快运算速度。

图 1.3.45 符号"螺纹"类型

（2）详细：用于创建详细螺纹，如图 1.3.46 所示，该操作很消耗硬件内存和速度。

7）抽壳

单击"特征操作"工具条中的"抽壳"命令，打开如图 1.3.47 所示的"抽壳"对话框。利用该命令可以以一定的厚度值抽空一实体。抽壳有两种类型，即"抽壳所有面"和"移除面，然后抽壳"类型，"抽壳所有面"和"移除面，然后抽壳"的不同之处在于：前者对所有面进行抽空，形成一个空腔；后者在对实体抽空后，移除所选择的面。

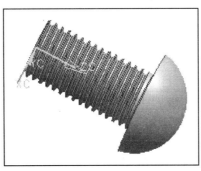

图 1.3.46　详细"螺纹"类型

图 1.3.47　"抽壳"对话框

8）实例特征

实例特征主要包括"矩形阵列"、"圆形阵列"和"图样面"，创建实例特征要经过 4 个步骤：选择实例类型、选择阵列对象、输入阵列参数、选择创建"是"，单击"特征操作"工具条中的"实例特征"命令，首先打开如图 1.3.48（a）所示的"实例"类型对话框，然后按步骤完成创建即可。

（a）选择实例类型

（b）选择阵列对象

（c）输入阵列参数

（d）选择创建"是"

图 1.3.48　创建"实例特征"步骤

9）镜像特征

镜像特征是通过一基准面或平面镜像选择的特征去建立对称的模型。单击"特征操作"工具条中的"镜像特征"命令，打开如图 1.3.49 所示的"镜像特征"对话框。

10）镜像体

镜像体命令应用与镜像特征命令类似。单击"特征操作"工具条中的"镜像体"命令,打开如图 1.3.50 所示的"镜像体"对话框。

图 1.3.49 "镜像特征"对话框

图 1.3.50 "镜像体"对话框

11）拆分体

此命令可使用基准平面或其他几何体拆分一个或多个目标体,拆分体将目标体作分割处理,操作结果会导致模型非参数化。单击"特征操作"工具条中的"拆分体"命令,打开如图 1.3.51 所示的"镜像体"对话框。

12. 特征编辑

特征编辑主要是完成特征创建后,对特征不满意的地方进行的各种操作,包括参数编辑、编辑定位、特征的重排序、替换特征和抑制/取消抑制特征等。UG NX6.0 的编辑特征功能主要是通过"编辑特征"工具条来实现,如图 1.3.52 所示为"编辑特征"工具条。

图 1.3.51 "拆分体"对话框

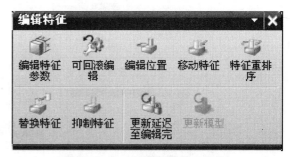

图 1.3.52 "编辑特征"工具条

1）编辑特征参数

编辑特征参数用来修改特征的定义参数。单击"编辑特征"工具条中的"编辑特征参数"命令,打开如图 1.3.53 所示的"编辑参数"对话框,不同的特征具有的"编辑参数"对话框形式不完全相同。

2）编辑定位

单击"编辑特征"工具条中的"编辑位置"命令,打开如图 1.3.54 所示的"编辑位置"对话框,可以编辑定位参数来改变实体的位置。

3）特征重排序

特征重排序是指调整特征的先后顺序。单击"编辑特征"工具条中的"特征重排序"命令，打开如图1.3.55所示的"特征重排序"对话框。首先在对话框上方的列表框中选择需要排序的特征，或者在视图区直接选取特征，然后将选取后相关特征撤销在"重定位特征"列表框中，选择排序方法"在前面"或"在后面"，最后在"重定位特征"列表框中选择定位特征，单击"确定"完成重排序。

图1.3.53 "编辑参数"对话框　　　　　图1.3.54 "编辑位置"对话框

4）替换特征

替换特征即用一个特征替换另一个特征，替换特征可以是实体或基准。单击"编辑特征"工具条中的"替换特征"命令，打开如图1.3.56所示的"替换特征"对话框，该对话框用于更改实体与基准的特征，并提供用户快速找到要编辑的步骤来提高模型创建的效率。

5）抑制/取消抑制特征

抑制特征是指将所选择的特征暂时抑制，隐去不显示。当建模的特征较多时，为了更好地观察和创建模型，可以将其他特征隐去不显示，也可提高计算机速度。单击"编辑特征"工具条中的"抑制特征"命令，打开如图1.3.57所示的"抑制特征"对话框。该对话框用于将一个或多个特征从视图区和实体中临时删除。被抑制特征并没有从特征数据库中删除，可以通过"取消抑制"命令重新显示。取消抑制特征是与抑制特征相反的操作。

图1.3.55 "特征重排序"对话框　　图1.3.56 "替换特征"对话框　　图1.3.57 "抑制特征"对话框

1.3.3 任务实施

1. 新建文件

启动 UG NX6.0 软件,输入文件名:maoding. prt,选择合适文件夹,如图 1.3.58 所示,单击"确定"后,进入建模环境。

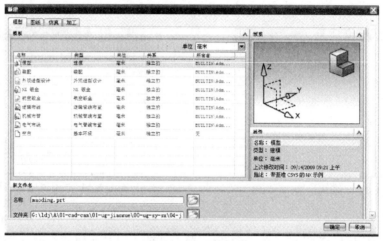

图 1.3.58　新建文件

2. 创建球体

单击"特征"工具条中"球"命令,默认类型"中心点和直径",点击中心指定点"点构造器"命令,打开"点"对话框,输入 ZC 坐标"36.8",单击"确定"两次,创建如图 1.3.59 所示球体。

图 1.3.59　创建球体

3. 创建辅助平面

单击"特征操作"工具条中"基准平面"命令,选择基准坐标系 XOY 辅助平面,并输入偏置距离为40,其余默认单击"确定"或"应用",创建如图 1.3.60 所示辅助平面。

4. 修剪球体

单击"特征操作"工具条中"修剪体"命令,选择目标"球体"模型、刀具指定平面"辅助平面",如方向不对选择"反向"按钮,单击"确定"或"应用",完成修剪,如图 1.3.61 所示。

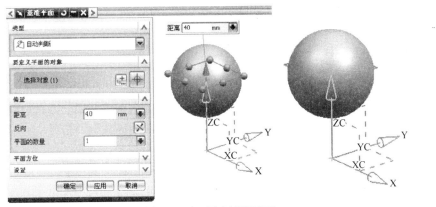

图 1.3.60　创建辅助平面

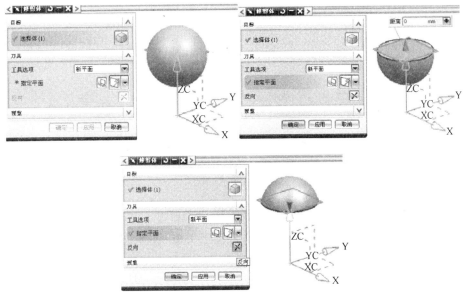

图 1.3.61　修剪球体

5. 创建凸台

单击"特征"工具条中"凸台"命令,设置参数"直径"20,"高度"40,"锥角"0,选择"球冠"平面,单击"应用",选中"定位"方式为"点到点",选中"球冠"部分平面圆,并选中"圆弧中心"即可,如图 1.3.62 所示,凸台创建完成。

6. 隐藏

单击"实用工具"工具条中"立即隐藏"命令,选择"辅助坐标系"、"辅助平面"即可。

7. 倒圆完成铆钉创建

单击"特征操作"工具条中"边倒圆"命令,打开对话框,设置参数"'Radius 1"0.8,其余参数默认,选中凸台与球冠相交"圆",单击"确定"或"应用"即可,完成铆钉创建,如图 1.3.63 所示。

1.3.4　拓展训练

1. 螺母建模

任务描述:

螺母为标准件,代号为螺母 GB/T 6170 M10,如图 1.3.64 所示,其公称尺寸:大径 $D = 10$,

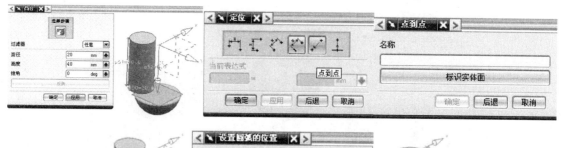

图 1.3.62　创建凸台

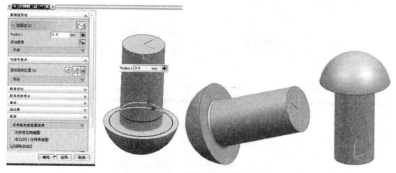

图 1.3.63　倒圆完成铆钉创建

小径 $D_1 = 8.376$，螺距 $P = 1.5$，$s = 16$，$m = 8.4$，如图 1.3.65 所示，创建螺母实体模型。

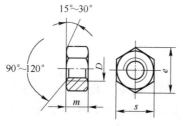

图 1.3.64　螺母标准就寸对照

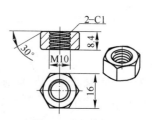

图 1.3.65　螺母

任务实施：

（1）新建文件。

启动 UG NX6.0 软件，输入文件名：luomu.prt，选择合适文件夹，如图 1.3.66 所示，单击"确定"后，进入建模环境。

（2）创建正六边形曲线。

单击"曲线"工具条中"多边形"命令，打开"多边形"对话框，输入侧面数"6"，单击"确定"，打开"多边形"选项对话框，选择"内接半径"，打开"多边形"参数对话框，输入内接半径"8"，单击"确定"，打开"点"对话框，默认坐标"0，0，0"，单击"确定"，完成正六边形创建，如图 1.3.67 所示。

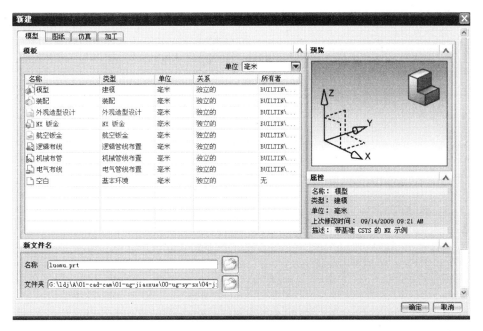

图 1.3.66　新建文件

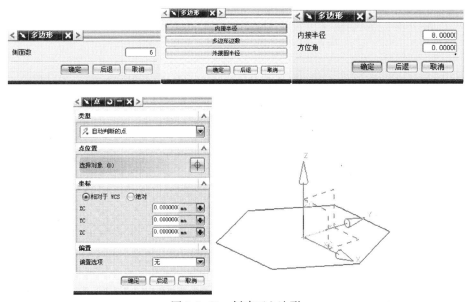

图 1.3.67　创建正六边形

（3）创建内切圆曲线。

单击"曲线"工具条中"基本曲线"命令,打开"基本曲线"对话框,选择"圆"命令,用"Tab"转换键输入坐标 XC "0"、YC "0"、ZC "0"、半径"8",按"Enter"键,完成内切圆曲线的创建,如图 1.3.68 所示;用同样的方法在圆心坐标(0,0,8.4)创建一个半径为 8 的圆,如图 1.3.69 所示。

（4）拉伸六角形螺母实体。

单击"特征"工具条中"拉伸"命令,同时选择类型过滤器"相连曲线",然后选择截面曲线为"正六边形",输入距离开始"0"、结束距离"8.4",单击"确定"完成螺母拉伸,如图 1.3.70 所示。

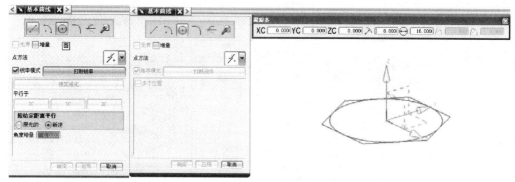

图 1.3.68　创建内切圆

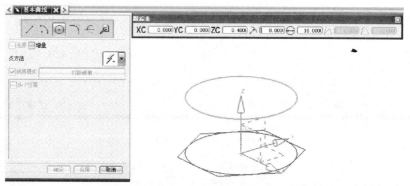

图 1.3.69　在圆心坐标(0,0,8.4)创建圆

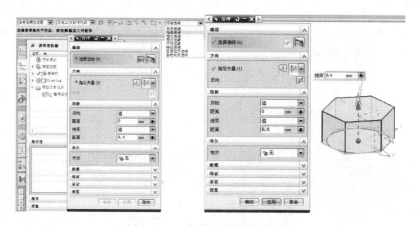

图 1.3.70　拉伸六角形螺母实体

（5）六角形螺母倒锥。

单击"特征"工具条中"拉伸"命令,选择截面曲线为"圆",输入距离开始"0"、结束距离"8.4",选择布尔操作"求交",默认选择体"六角形螺母",选择拔模"从起始限制",角度"－60",其余默认,单击"确定"完成六角形螺母倒锥,如图 1.3.71 所示;用同样办法完成六角形螺母对面倒锥,如图 1.3.71 所示。

（6）创建螺纹底孔。

单击"特征"工具条中"NX 5 版本之前的孔"命令,打开"孔"对话框,选择类型"简单",输入直径"8.376"、深度"8.4"、顶锥角"0",选择六角形螺母上面为放置面,单击"确定",定位方式选为"点到点"定位,选择曲线圆为"点到点"基准圆,设置圆弧的位置为"圆弧中心",单击

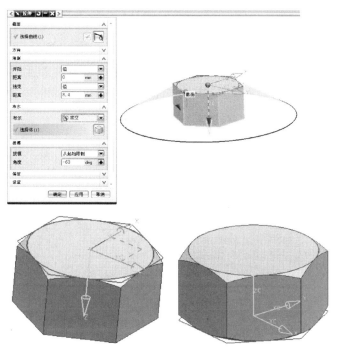

图 1.3.71　六角形螺母倒锥

"确定",完成创建如图 1.3.72 所示螺纹底孔。

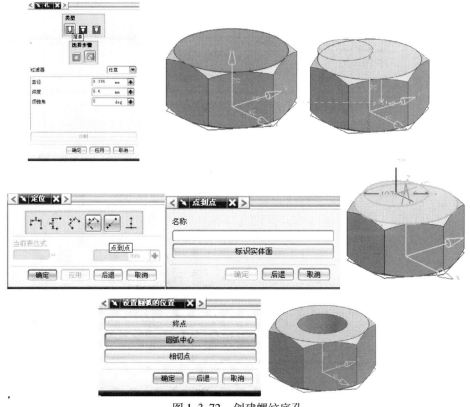

图 1.3.72　创建螺纹底孔

（7）隐藏辅助曲线。

单击"实用工具"工具条中"立即隐藏"命令，选择"辅助坐标系"、"辅助曲线"即可，如图1.3.73所示，显示实体零件。

（8）倒角。

单击"特征操作"工具条中"倒斜角"命令，设置横截面"对称"、距离"1"，选择螺母底孔的2条边线圆为"选择边"，其余参数默认，单击"确定"或"应用"，完成倒圆，如图1.3.74所示。

图1.3.73　隐藏辅助曲线　　　　　　　　　　　　图1.3.74　倒角

（9）创建 M10 螺纹，保存文件。

单击"特征操作"工具条中"螺纹"命令，选择螺纹类型"详细"，选择内孔表面为"圆柱面"，选择螺母上表面为"选择起始面"，单击"确定"默认螺纹轴方向，输入大径"10"、长度"8.4"、螺距"1.5"、角度"60"，旋转"右手"，单击"确定"，完成 M10 螺纹创建，如图1.3.75所示，最后保存文件。

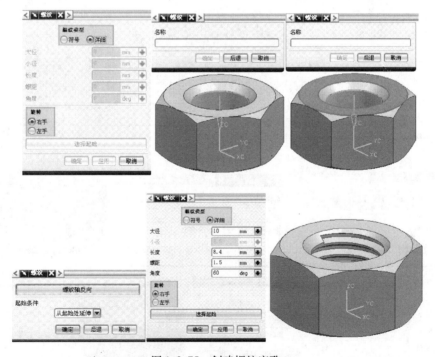

图1.3.75　创建螺纹底孔

2. 鼠标凸模建模

任务描述:

鼠标凸模零件建模,尺寸如图 1.3.76 所示,创建其实体模型。

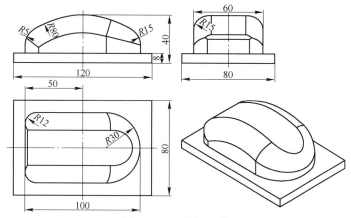

图 1.3.76　鼠标凸模

任务实施:

(1) 新建文件。

启动 UG NX6.0 软件,输入文件名:shubiaotumu. prt,选择合适文件夹,如图 1.3.77 所示,单击"确定"后,进入建模环境。

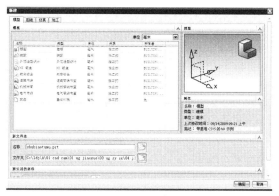

图 1.3.77　新建文件

(2) 创建底板。

单击"特征"工具条中"长方体"命令,默认"原点和边长"类型,输入尺寸长度"120"、宽度"80",高度"8",单击"确定",完成创建如图 1.3.78 所示长方形底板。

(3) 移动坐标系。

单击"实用工具条"工具条中"动态坐标系"命令,移动坐标系原点坐标到(10,10,8)位置,按鼠标中键确定,移动到如图 1.3.79 所示坐标系。

(4) 创建凸台长方体。

单击"特征"工具条中"长方体"命令,默认"原点和边长"类型,输入尺寸长度"100"、宽度"60",高度"40",单击"确定",创建如图 1.3.80 所示凸台长方体。

注意:不要用"垫块"命令建模,垫块建模后与底板成为一个实体,这样后面不方便创建凸模部分。

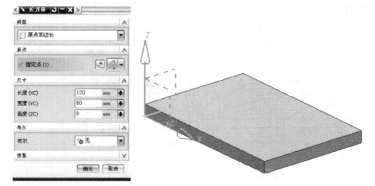

图 1.3.78　底板

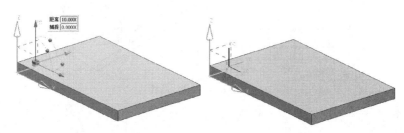

图 1.3.79　移动坐标系

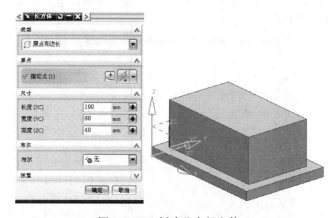

图 1.3.80　创建凸台长方体

（5）凸台长方体倒圆。

单击"特征操作"工具条中"边倒圆"命令，设置左侧倒圆半径参数"'Radius 1"12，右侧倒圆半径参数"'Radius 1"30，其余参数默认，单击"确定"或"应用"，完成倒圆，如图 1.3.81 所示。

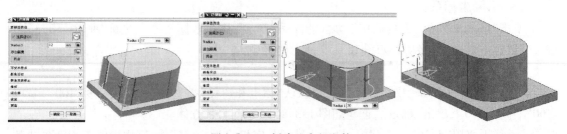

图 1.3.81　创建凸台长方体

（6）重新移动坐标系。

单击"实用工具条"中的"设置为绝对坐标系 WCS"命令，恢复到原始坐标系，再单击"实用工具条"中的"WCS 原点"命令，移动坐标系原点到（60,10,−40）位置，按鼠标中键确定。

（7）修剪鼠标上表面。

单击"特征"工具条中"圆柱体"命令，默认"轴、直径和高度"类型，指定矢量"+YC"、默认指定点，输入尺寸直径"160"、高度"60"、选择布尔操作"求交"、布尔操作选择体为"凸台长方体"，单击"确定"，完成鼠标上表面修剪，最后再恢复到原始坐标系，如图 1.3.82 所示。

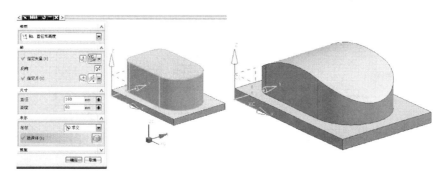

图 1.3.82　修剪鼠标上表面

（8）凸台上表面倒圆。

单击"特征操作"工具条中"边倒圆"命令倒圆，设置参数"'Radius 1'"15，选中前后 2 条棱边，单击"应用"，完成前后 2 条棱边倒圆，如图 1.3.83 所示；设置参数"'Radius 1'"15，选中右侧棱边，单击"应用"，完成右侧棱边倒圆，如图 1.3.84 所示；设置参数"'Radius 1'"5，选中左侧棱边，单击"应用"，完成左侧棱边倒圆；设置参数"'Radius 1'"5，选左侧前后相交棱边（如图所示），单击"应用"，完成左侧边倒圆，如图 1.3.85 所示；至此完成全部鼠标上表面倒圆，如图 1.3.86 所示。

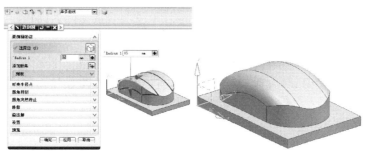

图 1.3.83　凸台上表面前后边倒圆

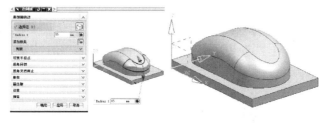

图 1.3.84　凸台上表面前右侧边倒圆

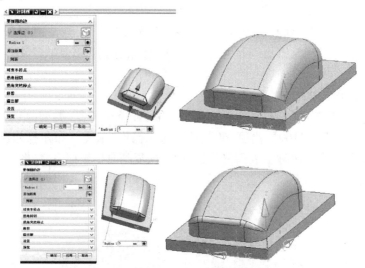

图 1.3.85 创建凸台长方体

（9）求交完成建模，保存文件。

最后选中底板与编辑过的凸台长方体进行"求交"布尔操作，即可成为一体，完成全部建模，保存文件。

图 1.3.86 完成凸台倒圆

3. 压缩弹簧建模

任务描述：

如图 1.3.87 所示压缩弹簧零件图，参数如下：压缩弹簧中径 $D=60$，有效圈数 $n=6$，截面直径 $d=10$，压缩弹簧自由高度 $H=120$，要求创建压缩弹簧实体模型。

任务实施：

（1）新建文件。

启动 UG NX6.0 软件，输入文件名：tanhuang. prt，选择合适文件夹，如图 1.3.88 所示，单击"确定"后，进入建模环境。

（2）创建螺旋线。

单击"曲线"工具条中"螺旋线"命令，打开其对话框，输入圈数"6"，螺距"20"，半径"30"mm，其余默认，单击"确定"，完成螺旋线创建，如图 1.3.89 所示。

（3）移动坐标系。

单击"实用工具"工具条中"动态坐标系"命令，移动坐标系到螺旋线起点，并绕 X 轴旋转 $90°$，如图 1.3.90 所示。

（4）创建圆。

单击"曲线"工具条中"基本曲线"命令，打开其对话框，选择"圆"命令，界面出现跟踪条，按"Tab"键，输入 XC"0"、YC"0"、ZC"0"、半径"5"，按"Enter"键，完成圆创建，如图 1.3.91 所示。

（5）扫掠成弹簧。

单击"特征"工具条中"沿引导线扫掠"命令，打开其对话框，截面选择曲线为"圆"，引导线选择曲线为"螺旋线"，其余参数默认，单击"确定"，完成创建弹簧，如图 1.3.92 所示。

图 1.3.87 弹簧

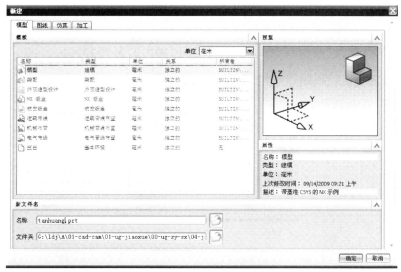

图 1.3.88 新建文件

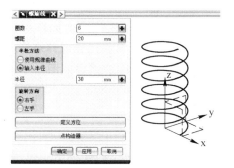

图 1.3.89 创建螺旋线

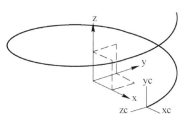

图 1.3.90 移动坐标系

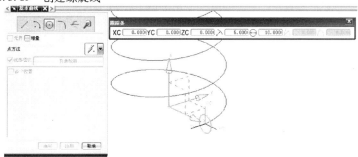

图 1.3.91 创建工具长方体下曲面

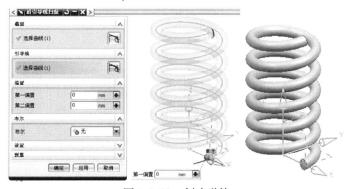

图 1.3.92 创建弹簧

（6）创建辅助平面。

单击"特征操作"工具条中"基准平面"命令,选择辅助坐标系的"XOY"面,输入距离"120",单击"应用",完成辅助平面创建,如图 1.3.93 所示。

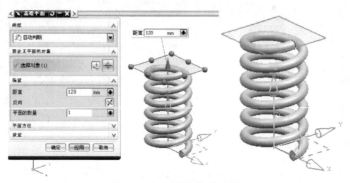

图 1.3.93　创建辅助平面

（7）修剪弹簧,保存文件。

单击"特征操作"工具条中"修剪体"命令,打开其对话框,选择目标选择体为"弹簧",单击"指定平面",选择步骤（6）创建的"辅助平面",单击"应用",完成弹簧上面修剪,如图1.3.94 所示;重复刚才的步骤,修剪弹簧下面,并选择"反向",单击"确定",完成弹簧修剪,如图 1.3.95 所示,最后隐藏辅助坐标系、螺旋线、圆及辅助平面,显示压缩弹簧如图所示,保存文件。

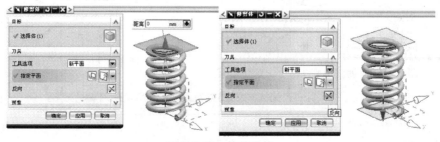

图 1.3.94　修剪弹簧

图 1.3.95　弹簧

4. 支架零件建模

任务描述:

支架零件建模,尺寸如图 1.3.96 所示,创建其实体模型。

任务实施:

（1）新建文件。

启动 UG NX6.0 软件,输入文件名:zhijia.prt,选择合适文件夹,单击"确定"后,进入建模环境。

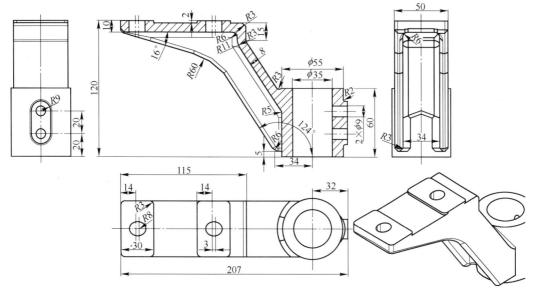

图 1.3.96 支架

（2）创建圆柱体。

单击"特征"工具条中"圆柱体"命令，打开其对
话框，默认"轴、直径和高度"类型，直径"55"，高度
"60"，其余默认，单击"应用"或"确定"，创建如图
1.3.97 所示圆柱体。

（3）绘制支撑结构草图。

单击"特征"工具条中"草图"命令，选择基准坐
标系"YOZ"平面，进入草图环境，默认"轮廓"命令
绘制命令，并进行位置与尺寸约束，绘制如图 1.3.98
所示草图。

（4）拉伸支撑体。

单击"特征"工具条中"拉伸"命令，打开其对话

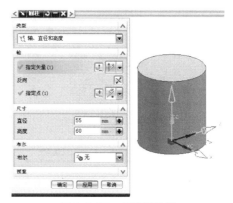

图 1.3.97　创建圆柱体

框，限制选择"对称值"，输入距离"25"，布尔操作"无"，选择体"草图曲线"，单击"确定"，完成
支撑结构拉伸，如图 1.3.99 所示。

（5）支撑体抽壳。

单击"特征操作"工具条中"抽壳"命令，打开"壳"对话框，默认"移除面，然后抽壳"，选择
图示 3 处移除面，输入厚度"8"mm，单击"确定"，完成支撑体抽壳，如图 1.3.100 所示。

（6）合并。

单击"特征操作"工具条中"求和"命令，分别选择创建好的圆柱体与支撑体为目标体和工
具体，单击"确定"即可。

（7）支撑体边倒圆。

单击"特征操作"工具条中"边倒圆"命令，按图纸要求设置倒圆半径参数"'Radius 1"，分
别选择相应的棱边进行倒圆，单击"应用"完成，最后单击"确定"，完成所有倒圆，如图 1.3.101
所示。

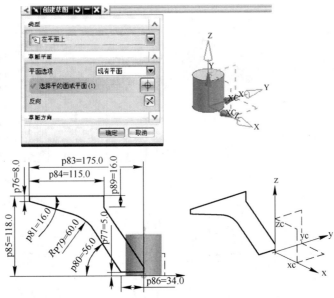

图 1.3.98　绘制支撑结构草图

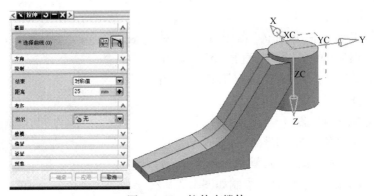

图 1.3.99　拉伸支撑体

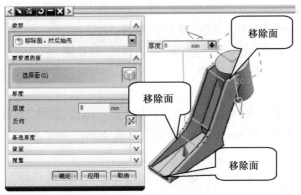

图 1.3.100　支撑体抽壳

（8）创建底部凸台。

单击"特征"工具条中"垫块"命令,打开其对话框,选择"矩形",打开"矩形垫块"对话框,指定"支撑体底平面"为放置面,继续选择水平参考"底板长边或 Y 轴",在"矩形垫块"对话框中,输入矩形垫块长度"30",宽度"50",高度"2",拐角半径"3",锥角"0",单

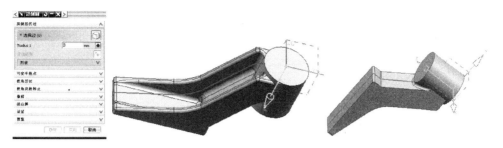

图 1.3.101　支撑体边倒圆

击"确定",2 次选择"线到线"定位,分别以支架底平面 2 条边线为定位基准线,完成 1 个凸台创建,如图 1.3.102 所示;用同样办法创建另外一个凸台,只是凸台定位时一个选择"垂直"定位,满足图纸尺寸"70",另一方向选择"线到线"定位即可,如图 1.3.103 所示 2 个凸台的创建。

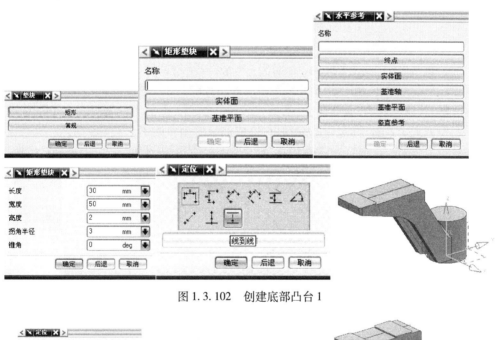

图 1.3.102　创建底部凸台 1

图 1.3.103　创建底部凸台 2

(9) 创建键槽孔。

单击"特征"工具条中"键槽"命令,打开其对话框,选择"矩形",单击"确定",打开"键槽放置面"对话框,指定"凸台底面"为放置面,打开选择"水平参考"对话框,选择水平参考"凸台短边",打开"矩形键槽"参数对话框,输入矩形键槽长度"15",宽度"12",深度"10",单击"确定",2 次选择"垂直"定位方式,分别以底平面 2 条边线为基准线按图纸尺寸定位,完成 1个键槽孔的创建,如图 1.3.104 所示;用同样办法按照图纸尺寸创建另外一个键槽,完成后如图 1.3.104 所示。

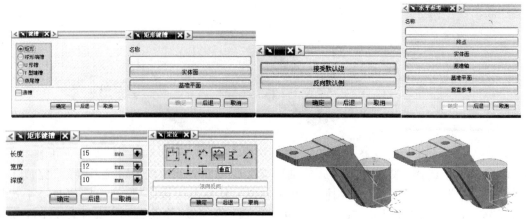

图 1.3.104　创建键槽孔

（10）创建圆柱体上凸缘。

单击"特征"工具条中"垫块"命令，打开其对话框，单击"矩形"命令，打开"矩形键槽"放置面对话框，选择 XOZ 基准辅助面为放置面，打开垫块方向对话框，单击"反向默认侧"（如果箭头与 Y 轴一致则单击"接受默认边"），打开"水平参考"对话框，指定水平参考为"Z 轴"，打开"矩形键槽"参数对话框，输入矩形垫块长度"38"、宽度"18"、深度"32"，单击"确定"，打开"定位"对话框，长度方向选"垂直"定位方式、"X 轴"为定位基准、尺寸输入"-30"，宽度方向"线到线"定位方式、"Z 轴"为定位基准即可，完成凸缘的创建如图 1.3.105 所示。

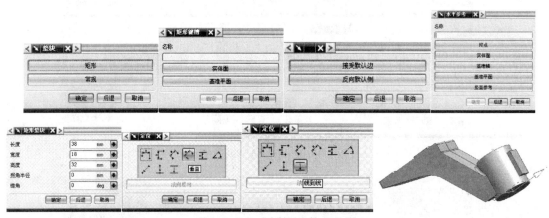

图 1.3.105　创建圆柱体上凸缘

（11）凸缘倒圆。

单击"特征操作"工具条中"边倒圆"命令，设置参数"'Radius 1"9，分别选择相应的棱边进行倒圆，单击"确定"完成，如图 1.3.106 所示。

（12）创建圆柱大孔及凸缘 2 个小孔。

单击"特征"工具条中"NX5 版本之前的孔"命令，打开"孔"对话框，选择类型"简单"，输入直径"35"，深度"60"，顶锥角"0"，选择"点到点"定位方式，选择圆柱外圆，放置圆弧的位置选择"圆弧中心"即可，继续用该命令创建凸缘 2 个小孔，如图 1.3.107 所示。

（13）凸缘交线倒圆。

单击"特征操作"工具条中"边倒圆"命令，设置半径倒圆参数"'Radius 1"2，选择相应的凸缘交线进行倒圆，单击"确定"完成，如图 1.3.108 所示。

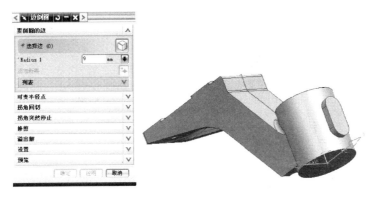

图 1.3.106　凸缘倒圆

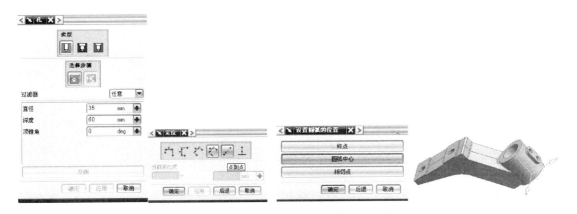

图 1.3.107　创建圆柱大孔及凸缘 2 个小孔

（14）隐藏草图曲线，保存文件。

最后隐藏草图曲线及基准坐标系，显示支架零件如图 1.3.109 所示，并保存文件。

图 1.3.108　凸缘交线倒圆

图 1.3.109　显示支架零件

5. 泵盖零件建模

任务描述：

泵盖零件建模，尺寸如图 1.3.110 所示，创建其实体模型。

任务实施：

（1）新建文件。

启动 UG NX6.0 软件，输入文件名：benggai. prt，选择合适文件夹，单击"确定"后，进入建模环境。

（2）绘制泵盖回转截面草图。

单击"特征"工具条中"草图"命令，打开"创建草图"对话框，选择基准坐标系"YOZ"基准

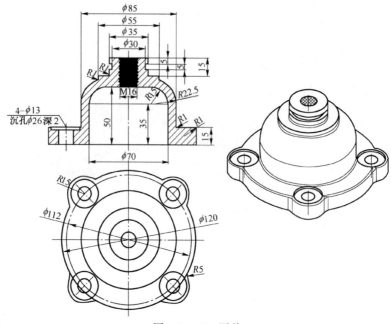

图 1.3.110　泵盖

平面,进入草图环境,默认"轮廓"命令绘图命令,并进行位置与尺寸约束,绘制如图 1.3.111 所示草图。

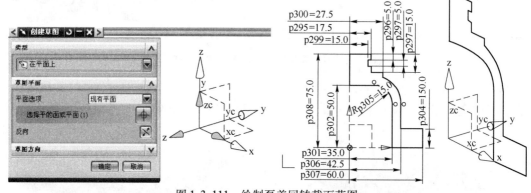

图 1.3.111　绘制泵盖回转截面草图

（3）创建泵盖。

单击"特征"工具条中"回转"命令,打开其对话框,截面选择曲线为"草图曲线",指定矢量"ZC",选择开始"值",输入角度"0",选择结束"值",输入角度"360",单击"确定",完成泵盖创建,如图 1.3.112 所示。

（4）绘制泵盖凸耳草图。

在"视图"工具条中选择"静态线框"显示,单击"特征"工具条中"草图"命令,默认选择基准坐标系"XOY"平面,绘制如图 1.3.113 所示草图,并施加约束,单击"完成草图",如图 1.3.114 所示。

（5）拉伸凸耳。

在"视图"工具条中选择"带边着色"显示,单击"特征"工具条中"拉伸"命令,打开其对话框,选择开始"值",输入距离"0",选择结束"值",距离"15",选择布尔操作"求和",默认求和体"泵盖",单击"确定"完成凸耳拉伸,如图 1.3.114 所示。

（6）创建沉头孔。

单击"特征"工具条中"NX5 版本之前的孔"命令,打开"孔"对话框,选择"沉头孔",输入沉头孔直径"26",沉头孔深度"2",孔径"13",孔深度"15",顶锥角"0",单击"确定",选择"点到点"定位,选中凸耳模型外圆,设置圆弧位置选中"圆弧中心"即可,如图 1.3.115 所示创建沉头孔。

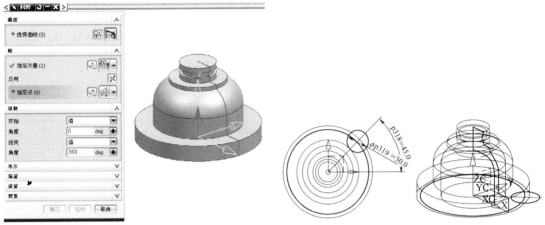

图 1.3.112　旋转泵盖　　　　　　　图 1.3.113　绘制泵盖凸耳草图

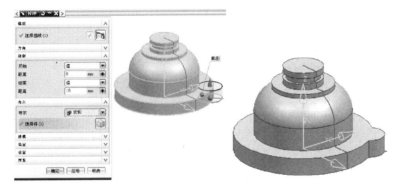

图 1.3.114　拉伸凸耳

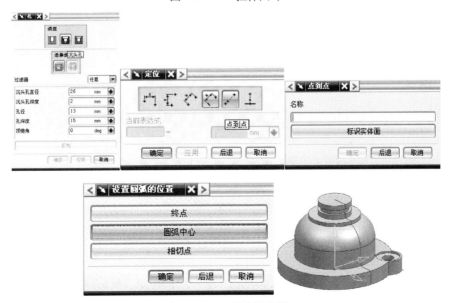

图 1.3.115　创建沉头孔

（7）阵列沉头孔。

单击"特征操作"工具条中"实例特征"命令，打开"实例"对话框，选择"圆形阵列"，继续选择"拉伸"和"沉头孔"，单击"确定"，打开"实例"参数对话框，依次选择方法"常规"，输入数量"4"，角度"90"，单击"确定"，打开"实例"方位对话框，点选"基准轴"，打开"选择一个基准轴"对话框，此时选中基准坐标系"Z 轴"，打开"创建实例"对话框，选择"是"，完成沉头孔阵列，如图 1.3.116 所示。

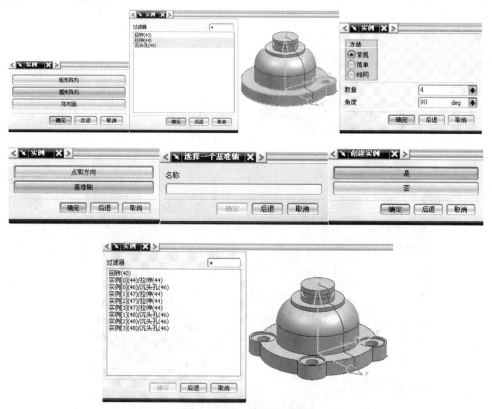

图 1.3.116　陈列沉头孔

（8）隐藏草图曲线。

单击"实用工具"工具条中"立即隐藏"命令，选择"草图曲线"、基准坐标系即可，如图 1.3.117 所示隐藏后显示的零件模型。

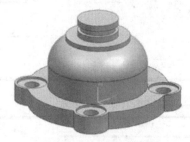

图 1.3.117　隐藏草图曲线

（9）创建螺纹底孔。

单击"特征"工具条中"NX5 版本之前的孔"命令，打开"孔"对话框，选择类型"简单"，输入直径"13.835"，深度"25"，顶锥角"0"，选择泵盖顶面为放置面，单击"确定"，打开"定位"对话框,选定位方式为"点到点",选择泵盖顶面边圆为"点到点"基准圆,设置圆弧的位置为"圆弧中心",单击"确定",完成创建如图 1.3.118 所示螺纹底孔。

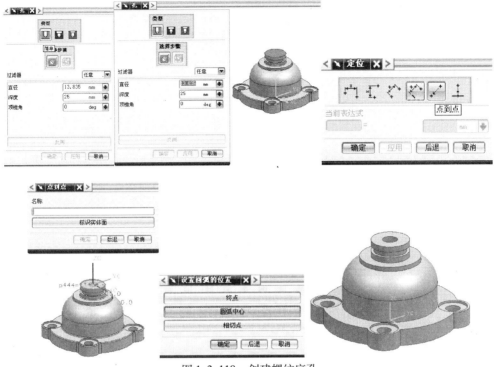

图 1.3.118　创建螺纹底孔

（10）创建 M16 螺纹。

单击"特征操作"工具条中"螺纹"命令,打开其对话框,选择螺纹类型"详细",输入大径"16",长度"25",螺距"2",角度"60",旋转"右手",单击"确定",完成 M16 螺纹创建,如图 1.3.119 所示。

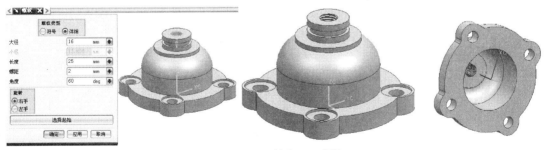

图 1.3.119　创建 M16 螺纹

（11）泵盖倒圆,保存文件。

单击"特征操作"工具条中"边倒圆"命令,按图纸要求设置参数"'Radius 1"1mm,分别选择相应的棱边进行倒圆,单击"应用"完成,完成所有倒圆后,单击"确定",如图 1.3.120 所示,最后保存文件。

6. 螺杆零件建模

任务描述:

螺杆零件建模,尺寸如图 1.3.121 所示,创建其实体模型。

图 1.3.120　完成创建泵盖

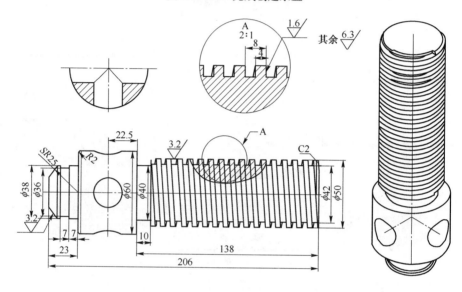

图 1.3.121　螺杆

任务实施：

（1）新建文件。

启动 UG NX6.0 软件，输入文件名：luogan. prt，选择合适文件夹，单击"确定"后，进入建模环境。

（2）创建圆柱体。

单击"特征"工具条中"圆柱"命令，打开其对话框，默认类型"轴、直径和高度"，输入直径"38"，高度"9"，单击"确定"，创建如图1.3.122 所示圆柱体。

（3）创建球面。

单击"特征"工具条中"球"命令，打开其对话框，默认类型"中心点和直径"，单击指定点"点构造器"，打开"点"对话框，输入 XC"0"，YC"0"，ZC"23"，单击"确定"返回"球"对话框，输入直径"50"，选择布尔操作"求交"，默认布尔选择体"圆柱"模型，单击"确定"，创建如图1.3.123 所示球面体。

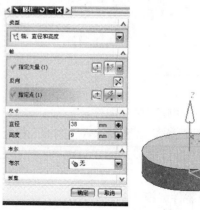

图 1.3.122　绘制泵盖草图

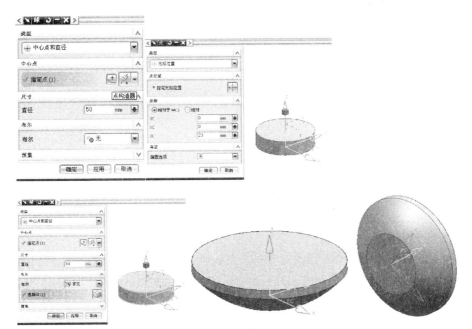

图 1.3.123　创建球面

（4）创建轴颈。

单击"特征"工具条中"凸台"命令，打开其对话框，输入直径"35"，高度"7"，锥角"0"，并选择圆柱体上表面为放置面，打开"定位"对话框，选择"点到点"定位方式，并选中圆柱体上表面圆为定位基准圆，设置圆弧的位置为"圆弧中心"，完成创建如图1.3.124 所示凸台轴颈。

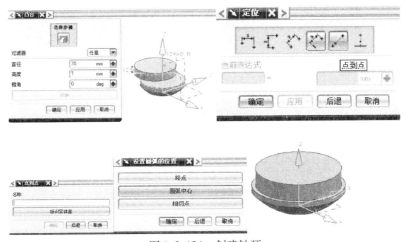

图 1.3.124　创建轴颈

（5）创建螺杆其余部分。

应用步骤（4）同样的操作过程，单击"特征"工具条中"凸台"命令，相同的方法，创建螺杆其余部分，创建结果如图 1.3.125 所示。

（6）创建 2 个辅助平面。

单击"特征操作"工具条中"基准平面"命令，打开其对话框，分别选择"XOZ"基准面，"YOZ"基准面，输入偏置距离为"30"，创建如图 1.3.126 所示 2 个辅助平面。

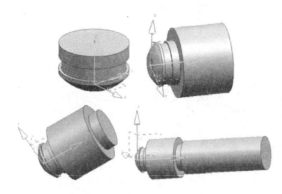

图 1.3.125　创建螺杆其余部分

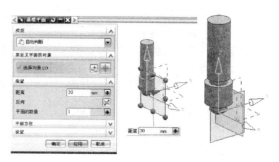

图 1.3.126　创建 2 个辅助平面

（7）创建十字孔。

单击"特征"工具条中"NX5 版本之前的孔"命令,打开"孔"对话框,选择"简单"类型,输入直径"22",深度"60",顶锥角"0",选择"YOZ"基准面为偏置面,单击"应用",打开"定位"对话框,选择定位方式"垂直",并选中"Y"基准轴,输入距离"45.5",单击"应用",再选择定位方式"点到线",并选中"Z"基准轴,单击"确定",完成一个孔创建,用同样方法创建另外一个交叉孔,创建结果如图 1.3.127 所示。

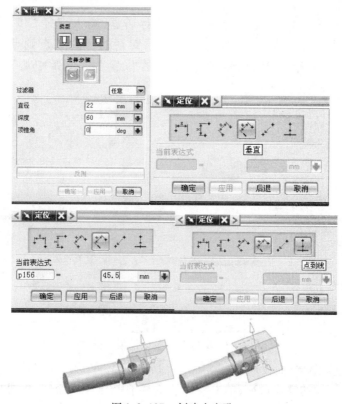

图 1.3.127　创建十字孔

（8）倒角倒圆。

单击"特征操作"工具条中"倒斜角"与"倒圆"命令,按图纸要求在螺杆不同位置完成倒角与倒圆角,如图 1.3.128 所示。

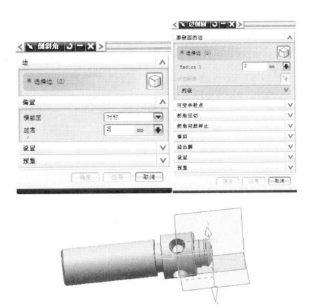

图 1.3.128 　倒角倒圆

（9）创建螺旋线。

单击"特征操作"工具条中"螺旋线"命令,打开其对话框,输入圈数"16",螺距"8",选择半径方法"输入半径",输入半径"25",选择旋转方向"右手",单击"点构造器",打开"点"对话框,输入点坐标 XC"0",YC"0",ZC"78"定位,2 次单击"确定",完成螺旋线的创建,如图1.3.129 所示。

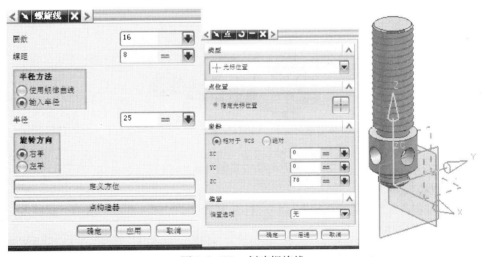

图 1.3.129 　创建螺旋线

（10）创建螺纹牙槽截面草图。

单击"特征"工具条中"草图"命令,打开"创建草图"对话框,草图平面选择基准坐标系"XOZ"基准面,单击"确定"进入草图环境,应用草图命令创建如图 1.3.130 所示螺纹牙槽草图,单击"完成草图"即可。

（11）扫掠螺旋体。

单击"特征"工具条中"扫掠"命令,打开其对话框,选择截面曲线"螺纹牙槽截面草图曲线",选择引导线"螺旋线",单击"确定",打开"扫掠"选项对话框,定位方法"面的法向"方

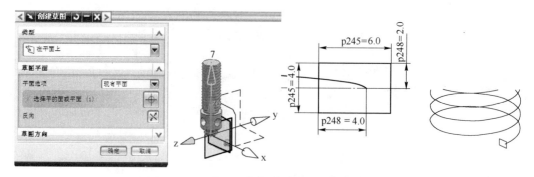

图 1.3.130　创建螺纹牙槽截面草图

位,选择面选中"螺杆外圆柱面",单击"确定"完成螺旋体扫掠,如图 1.3.131 所示。

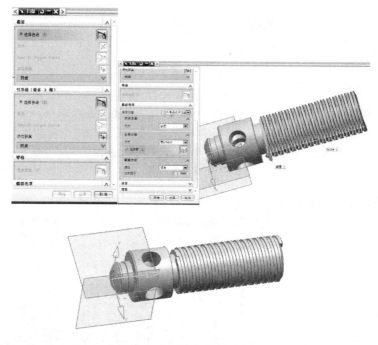

图 1.3.131　扫掠螺旋体

（12）求差创建螺旋槽。

单击"特征操作"工具条中"求差"命令,打开其对话框,目标选择体选择"螺杆",刀具选择体选择"扫掠螺旋体",单击"确定",完成螺旋槽创建,如图 1.3.132 所示。

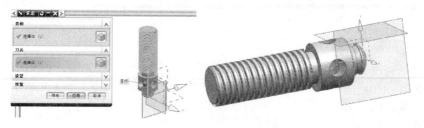

图 1.3.132　求差创建螺旋槽

（13）隐藏并保存文件。

单击"实用工具"工具条中"立即隐藏"命令,打开其对话框,分别选择"辅助平面、基准坐标系、草图曲线、螺旋线等",如图 1.3.133 所示显示隐藏后的螺杆,最后保存文件。

图 1.3.133 螺杆

7. 棘轮零件建模

任务描述:

棘轮零件建模,尺寸如图 1.3.134 所示,创建其实体模型。

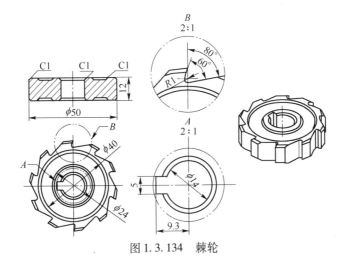

图 1.3.134 棘轮

任务实施:

(1) 新建文件。

启动 UG NX6.0 软件,输入文件名:jilun. prt,选择合适文件夹,单击"确定"后,进入建模环境。

(2) 绘制棘轮体截面草图。

单击"特征"工具条中"草图"命令,打开"创建草图"对话框,草图平面选择基准坐标系"XOZ"基准面,单击"确定"进入草图环境,应用草图命令绘制如图 1.3.135 所示棘轮体截面草图,单击"完成草图"即可。

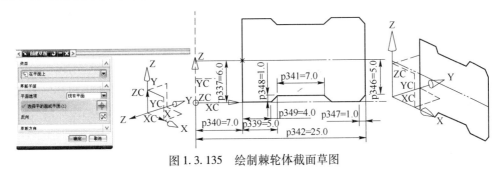

图 1.3.135 绘制棘轮体截面草图

（3）回转创建棘轮体。

单击"特征"工具条中"回转"命令，打开其对话框，截面选择曲线选择"棘轮体截面草图曲线"，指定矢量"ZC"，开始"值"，角度"0"，结束"值"，角度"360"，其余默认，单击"确定"，完成棘轮体创建，如图1.3.136所示。

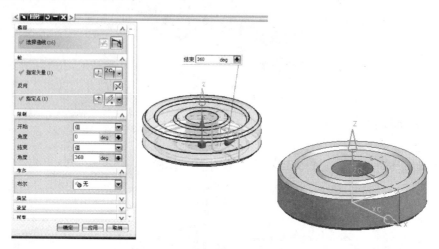

图1.3.136　回转创建棘轮体

（4）绘制棘轮齿槽截面草图曲线。

在"视图"工具条中选择"静态线框"显示，单击"特征"工具条中"草图"命令，打开"创建草图"对话框，草图平面选择基准坐标系"XOZ"基准面，单击"确定"进入草图环境，应用草图命令绘制如图1.3.137所示棘轮齿槽截面草图曲线，单击"完成草图"即可。

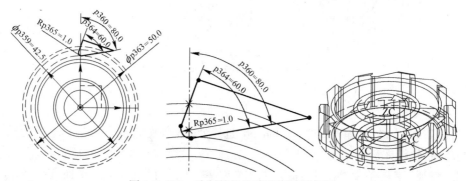

图1.3.137　绘制棘轮齿槽截面草图曲线

（5）拉伸创建棘轮齿槽。

单击"特征"工具条中"拉伸"命令，打开其对话框，截面选择曲线选择"棘轮齿槽截面草图曲线"，选择开始"值"，输入距离"－2"，选择结束"值"，输入距离"14"，选择布尔操作"求差"，默认求差体"棘轮体"，单击"确定"，完成棘轮齿槽创建，如图1.3.138所示。

（6）阵列创建棘轮齿槽。

单击"特征操作"工具条中"实例特征"命令，打开"实例"对话框，选择"圆形阵列"，打开"实例"选择对话框，继续选择"拉伸"，单击"确定"，打开"实例"参数对话框，选择"常规"方法，输入数量"10"，角度"36"，单击"确定"，打开"实例"方位对话框，选择"基准轴"，打开"选择一个基准轴"对话框，选中基准坐标系"Z"轴，打开"创建实例"对话框，最后选择"是"，完成棘轮齿槽创建，如图1.3.139所示。

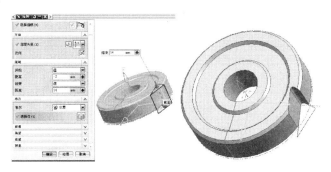

图 1.3.138　拉伸创建棘轮齿槽

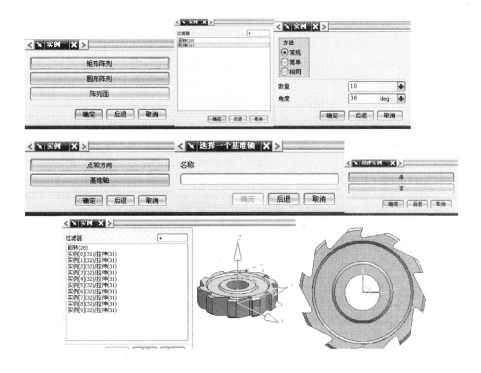

图 1.3.139　棘轮齿槽创建

（7）棘轮内孔倒角。

单击"特征操作"工具条中"倒斜角"命令,打开其对话框,选择位置横截面"对称",输入距离"1",分别选择内孔两侧边圆,单击"确定"完成倒角,如图 1.3.140 所示。

（8）创建棘轮键槽。

单击"特征"工具条中"键槽"命令,打开其对话框,选择"矩形",单击"确定",打开"键槽放置面"对话框,指定基准坐标系"YOZ"基准面为放置面,打开选择"水平参考"对话框,选择水平参考为基准坐标系"Z 轴",打开"矩形键槽"参数对话框,输入矩形键槽长度"30",宽度"5",深度"9.3",单击"确定",打开"定位"对话框,选择"线到线"定位,再选择基准坐标系"Z轴",完成棘轮键槽的创建,如图 1.3.141 所示。

（9）隐藏并保存文件。

单击"实用工具"工具条中"立即隐藏"命令,选择"基准坐标系等",并保存文件,显示棘轮零件如图 1.3.142 所示。

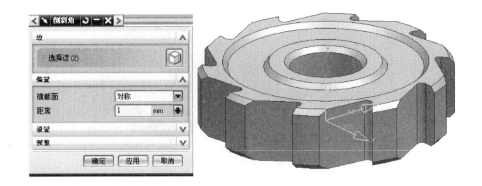

图 1.3.140 棘轮内孔倒角

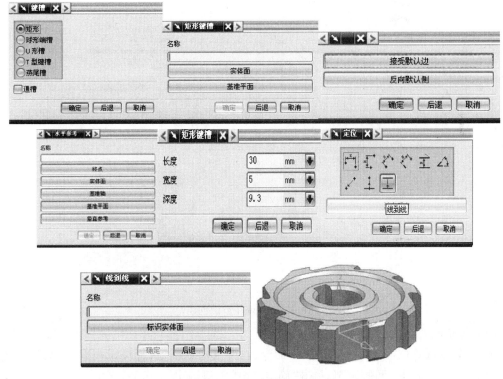

图 1.3.141 创建棘轮键槽

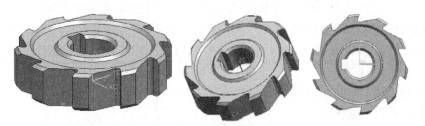

图 1.3.142 棘轮零件

任务 1.4 曲　面

知 识 目 标	能 力 目 标	建议学时
掌握曲面创建和编辑的常用方法。	能够熟练运用各种曲面功能进行曲面建模。	6

曲面是实体建模的补充,UG NX6.0 具有非常强大的曲面造型功能,能够满足用户进行各种复杂曲面造型设计需要,本次任务主要介绍基本曲面和自由曲面的创建和编辑。

1.4.1 任务导入

任务描述:

创建如图 1.4.1 所示的五角星型芯实体造型。

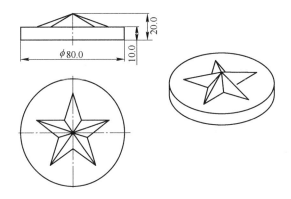

图 1.4.1　五角星型芯实体造型

1.4.2 知识链接

1. 首选项设置

首选项有两种设置方法:方法一(一劳永逸的设置):菜单栏中的"首选项"→"建模"→"体类型"选为图纸页→"确定",如图 1.4.2 所示(此处为 UG 中文版的汉化翻译错误,应为"片体");方法二(临时设置):在拉伸对话框中将体类型选为片体,如图 1.4.5 所示。

以上的两种方法同样适用于回转和沿引导线扫掠,不再赘述。

2. 基本曲面造型

在 UG NX6.0 建模环境中,有四种常用的基本曲面的构建方法,如图 1.4.3 所示。其中前面的 3 种为大家熟悉的构建实体的最常用的方法,通过设置不同的参数,它们除了能实现实体建模之外,也能够完成曲面的构建。

1)拉伸

可将一条现有的曲线拉伸为曲面。

创建拉伸特征时,如果所选取的截面线串是不封闭的曲线(即便在"体类型"中设置的是"实体"),生成的必定是曲面(片体),如图 1.4.4 所示。

此外,在创建拉伸特征时,如果截面线串是封闭的,也可以生成曲面模型,如图 1.4.5 所示。

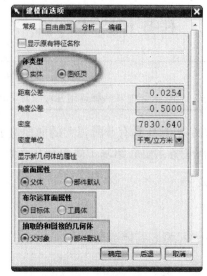

图 1.4.2　建模首选项设置

图 1.4.3　基本曲面四种常用构建方法

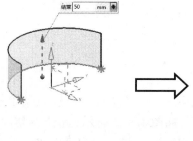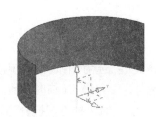

图 1.4.4　创建不封闭曲线拉伸

2）回转

可将现有的曲线绕中心线回转生成曲面,如图 1.4.6 所示。

3）沿引导线扫掠

可将现有的曲线绕指定的引导曲线(轨迹)扫掠而形成曲面,如图 1.4.7 所示。

4）有界平面

可通过选择同一平面上端点相连的一组封闭曲线,生成有界的平面片体。

操作:单击"特征"工具条上"有界平面"按钮 。

通过选择不断开的边界曲线串或边线串来指定平面截面。它们必须共面,且形成封闭形状。如图 1.4.8 所示。

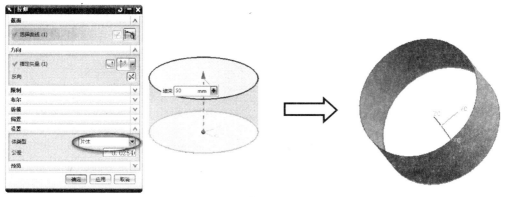

图 1.4.5　创建封闭曲线拉伸

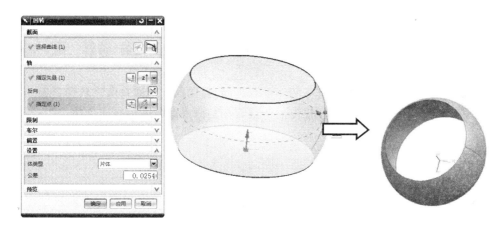

图 1.4.6　创建回转曲面

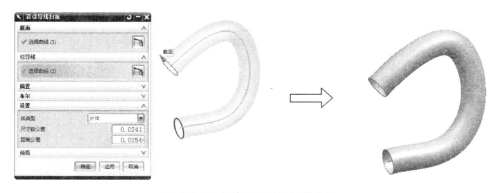

图 1.4.7　创建沿引导线扫掠曲面

图 1.4.8　创建有界平面曲面 1

　　如果在由选定曲线或边定界的区域内有不连续的孔,而不希望这些孔包括在有界平面中,则将这些孔选定为内边界,如图 1.4.9 所示。

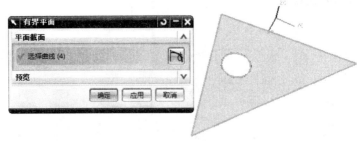

图 1.4.9　创建有界平面曲面 2

3. 片体到实体的转变

通常在产品造型设计中,曲面模型并不是最终的目的,而是以曲面作为实体建模的辅助手段,构建实体模型。在 UG 中可以通过如下功能将片体转变为实体,最终创建具有自由形状的实体模型。

(1)"缝合"⬛:如果所选择的若干片体能够包围形成完全封闭的"容器",则一旦缝合这些片体,"容器"便转化为实体。

(2)"修补"⬚:利用片体取代实体的一部分表面,在实体上形成自由形状的表面。

(3)"加厚片体"⬚:将片体直接加厚形成具有均匀厚度的自由形状的壳体。

1.4.3　任务实施

1)设计思路

该五角星型芯实体模型可以看成是先创建底部圆柱片体,再通过有界平面来创建五角星的十个三角形片体,最后通过缝合将全部片体转换为实体,结合在圆柱实体上。

2)操作步骤

(1)创建中心在(0,0,0),半径为 40 的圆 ⬚,绘图平面选为 XY 平面,如图 1.4.10 所示。

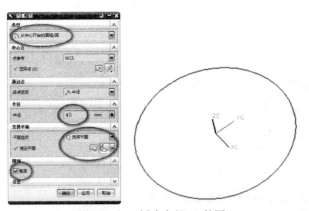

图 1.4.10　创建半径 40 的圆

(2)拉伸 ⬚ 圆柱片体:拉伸距离为 10mm,如图 1.4.11 所示。

(3)创建多边形 ⬚ 侧面数:5;外接(切)半径:30;中心点定位:(0,0,0),如图 1.4.12 所示。

(4)在五边形内绘制直线 ⬚,构建平面的五角星,之后将五边形隐藏 ⬚,如图 1.4.13 所示。

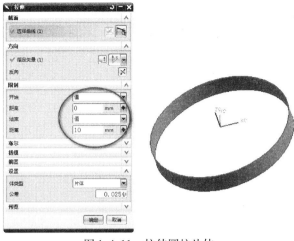

图 1.4.11　拉伸圆柱片体

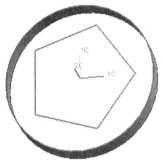

图 1.4.12　创建五边形

图 1.4.13　五角星连线并隐藏五边形

（5）修剪 五角星内的多余线段,效果如图 1.4.14 所示。

图 1.4.14　修剪五角星

（6）创建五角星的 10 条空间直线 ，顶点坐标为(0,0,10)，效果如图 1.4.15 所示。

（7）创建五角星上的三角形有界平面 。

单击该功能的按钮之后，依次选择三条直线构成封闭的三角形，即可生成一个有界平面。如图 1.4.16 所示。

（8）照此方法，同样生成另外 9 个有界平面 ，如图 1.4.17 所示。

图 1.4.15　创建五角星
空间直线

图 1.4.16　创建五角星上的
三角形有界平面

图 1.4.17　创建五角星上
全部有界平面

（9）创建圆柱上表面，圆柱边界与五角星边界之间的有界平面 。

单击该功能的按钮之后，依次选择圆柱上表面的整圆边界和五角星的 10 条边界直线，即可生成它们之间的有界平面，如图 1.4.18 所示。

（10）创建圆柱底面的有界平面 ，步骤不再赘述，如图 1.4.19 所示。

（11）缝合所有片体 。

单击该缝合功能的按钮之后，依次点选所有的片体即可。由于所有的片体已构成封闭状，所以缝合之后模型自动转变成实体(可通过类型过滤器来进行验证)。

至此，完成了五角星型芯的实体建模，效果如图 1.4.20 所示。

图 1.4.18　创建圆柱上表面、圆柱边界与
五角星边界之间的有界平面

图 1.4.19　圆柱底面的
有界平面

图 1.4.20　缝合
所有片体

1.4.4　拓展训练 1

任务描述：
创建如图 1.4.21 所示的饮料瓶实体造型。

1.4.5　知识链接

1. 高级曲面造型

1）直纹

功能：使用直纹功能，可以通过选定两组截面线串来创建截面线串之间的直纹面或直纹

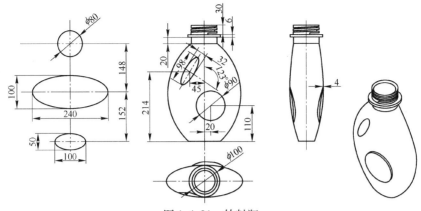

图 1.4.21　饮料瓶

体。创建的直纹面可以理解为用一系列的直线去连接两组剖面线串,即曲面的纹路是直线,如图 1.4.22 所示。

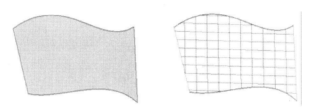

图 1.4.22　创建直纹曲面

操作:选择两条截面线串→选择对齐方式→依次单击确定按钮,生成直纹面。

单击"曲面"工具条中的直纹按钮🖱,打开如图 1.4.23 所示对话框,指定截面线串 1,该线串会出现一箭头,单击"截面线串 2"中的"选择曲线",便可指定截面线串 2,该线串也会出现一个箭头,如图 1.4.24 所示。

设置相关对齐参数,如图 1.4.25 所示,对齐参数含义如下:

图 1.4.23　"直纹"对话框

图 1.4.24　指定截面线串

图 1.4.25　设置对齐参数

参数:空间中的点将会沿着指定的曲线以相等参数的间距穿过曲线产生薄体,所选取曲线的全部长度将完全被等分。

圆弧长:空间中的点将会沿着指定的曲线以相等弧长的间距穿过曲线产生薄体,所选取曲线的全部长度将完全被等分。

根据点：可根据所选取的顺序在连接线上定义薄体的路径走向，该选项用于连接线中，在所选取的形体中含有角点时使用该选项。

主要用于截面线串曲线数量不一致，且有锐边的情况下创建直纹面。用户可以自行添加、删除、移动对齐点来进行对齐，从而获得需要的曲面，如图1.4.26所示。

建议尖角处包含对齐点。否则，软件将创建高曲率、有光顺拐点的体来逼近这些拐角，在这些拐角或面上执行的任何后续特征操作（如倒圆、抽壳或布尔操作），可能会由于该曲率而失败。

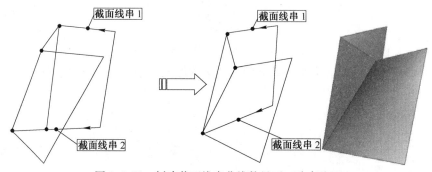

图1.4.26 创建截面线串曲线数量不一致直纹面

提示：

（1）两组截面线串选择后要确保出现的箭头转向相同。若相反，曲面肯定会扭曲。可通过 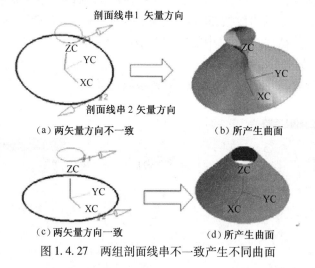 按钮进行方向调节，如图1.4.27所示。

图1.4.27 两组剖面线串不一致产生不同曲面

（2）如果选取的剖面线串都为闭合曲线，则默认情况下会产生实体。如要其生成片体，参照更改设置即可。

（3）勾选"保留形状"复选框，对齐方式只有"参数"和"根据点"两种。若要获得得更多的对齐方式，应取消该复选框的选取。

距离：该选项会将所选取的曲线在向量方向等间距切分。当产生薄体后，若显示其U方向线，则U方向线以等分显示。

角度:表示系统会以所定义的角度转向,沿向量方向扫过,并将所选取的曲线沿一定角度均分。当产生薄体后,若显示其 U 方向线,则 U 方向线以等分角度方式显示。

脊线:表示系统会要求选取脊线,之后所产生的薄体范围会以所选取的脊线长度为准,但所选取的脊线平面必须与曲线的平面垂直。

2)通过曲线组

功能:通过曲线组创建曲面是指通过一系列截面线串(大致在同一方向)生成片体或者实体,如图 1.4.28 所示。

该命令类似于直纹面,不同的是:直纹只使用两组截面线串,并且两组截面线串之间总是线性连接,通过曲线组允许使用高达 150 条截面线串,可以说,直纹是通过曲线组的特殊形式。

操作:选择截面线串,单击鼠标中键完成一条截面线串的选择→选择"补片类型",可以是单个或者多个→选择调整方式→对于多面片,指定实体是否 V 向封闭→输入"V 向阶次"→输入公差→选择构建选项→检查并设置"法向端部截面"和"保留锐边边缘形状"→选择要求的线串约束类型,选择约束对象。

单击曲面工具条中的"通过曲线组"按钮,打开"通过曲线组"对话框。在绘图区域中依次选取每一条曲线,切记每选取完一条之后要单击"添加新集"按钮□,或者按下 MB2 以表示确认,再选取下一条曲线,如图 1.4.29 所示。

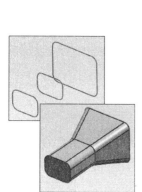

图 1.4.28　通过曲线组创建曲面

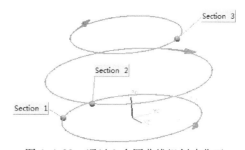

图 1.4.29　通过 3 个圆曲线组创建曲面

选完所有的曲线并保证曲线绕转方向都一致后,单击"确定",便生成如图 1.4.30 所示的曲面。

通过曲线组参数设置:

连续性:该选项主要用来指定第一条截面线串、最后一条截面线串和现有曲面之间的连接过渡。

操作:指定连续性,并选择第一条和/或最后一条截面线串出的约束面,如图 1.4.31 所示。

说明:曲面的连续性包括以下 3 种:

G0(位置连续):生成的曲面和现有曲面之间没有相切,仅仅保证曲面之间没有缝隙并完全解除,如图 1.4.32 所示。

G1(相切连续):生成的曲面和现有曲面之间相切,从高等数学的角度讲,两个曲面的切线斜率连续过渡,即一阶微分连续。

G2(曲率连续):生成的曲面和现有曲面之间相切,从高等数学的角度讲,两个曲面的曲率连续过渡(曲面上任意一点沿着边界有相同的半径),即二阶微分连续,如图 1.4.33 所示。

图1.4.30　创建3个圆曲线组曲面

图1.4.31　指定截面线串连接过渡

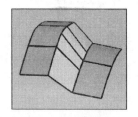

图1.4.32　G0过渡

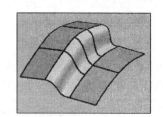

图1.4.33　G2过渡

对齐:通过曲线组的对齐类型大部分与直纹面命令相同,此处不再赘述。

输出曲面选项: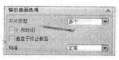

补片类型:一般使用多个补片能得到更加自然的曲面。

V向封闭:当使用的截面线串数大于等于3时,使用多个补片,且起始和结束处连续性约束均为G0的情况下,可以使得开放的曲面封闭。勾选 ☑V向封闭 时,片体沿V向(列向)封闭。如果截面线串已处于封闭状态,并且启用了该选项,将创建一个实体。

垂直于终止面:生成的曲面的起始端和结束端垂直于对应的曲线串。如图1.4.34为勾选 ☑垂直于终止截面 效果图,图1.4.35为没有勾选效果图。

图1.4.34　勾选"垂直于终止截面"

图1.4.35　没有勾选"垂直于终止截面"

3)通过曲线网格

功能:与通过曲线组相比,通过曲线网格的功能更加强大。是指通过在两个方向上的一系列截面线串生成片体或者实体。

把其中一个截面线串称之为"主曲线",把另一个方向上的截面线串称为"交叉曲线"。这两组截面线串不能是平行的,须是基本垂直或者成某个角度。

操作:选择主线串和交叉线串→设置"着重选项"→设置相交公差→为主线串和交叉线串指定约束→设置构造选项。如果指定简单选项,则必须指定主曲线模板或交叉曲线模板,或让系统选择它们→单击"确定"完成。

单击"曲面"工具条中"通过曲线组"按钮 ,打开"通过曲线组"对话框。先在绘图区域中选择主曲线,每选完一条曲线,按下"添加新集" 或按下 MB2 表示确认。选择完主曲线之后,单击"交叉曲线"中的"选择曲线"按钮,按照同样的方式,继续选择交叉曲线。设置好其他相关的参数,如连续性等,单击"确定"按钮,即可创建曲面,如图 1.4.36 所示。

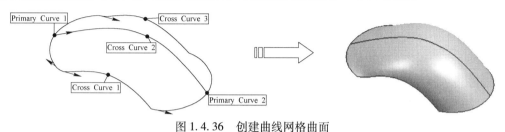

图 1.4.36　创建曲线网格曲面

提示:

(1) 在选择交叉曲线时,请读者注意主曲线上的旋转方向,要按照该选择方向来依次选择交叉曲线,否则会生成不理想的曲面。

(2) 如果主曲线是封闭环状,在选取交叉曲线时,允许重复选取第一条交叉曲线作为最后一条交叉曲线,从而形成封闭的管状曲面,如图 1.4.37 所示。

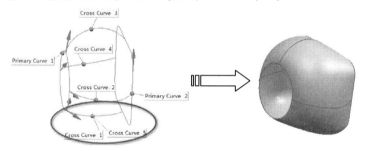

图 1.4.37　创建主曲线是封闭环状曲面

(3) 在选择主曲线时,允许在第一条主曲线、最后一条主曲线选作成一个点,这种构建三边形曲面时非常实用,如图 1.4.38 所示。

图 1.4.38　创建三边形曲面

4) N 边曲面

功能:使用 N 边曲面命令,可以创建由一组端点相连的曲线组成的曲面。主要用于填充曲面的缺口,同时还可以指定与外部曲面的连续性。曲线的数目可以是一条,也可以是多条。

操作:确定 N 边表面类型→选择代表 N 边表面的边界曲线(或表面)→选择与该曲面相切的

边界约束面(可选项)→如果建立修剪单片体类型,还可以定义 UV 方向(可选项)→使用形状控制对话框动态拖动曲面→单击"确定"生成曲面,还可以使用形状控制对话框调整曲面形状。

单击"曲面"工具条中的"N 边曲面"按钮 ,打开 N 边曲面对话框,如图 1.4.39 所示,设置 N 边曲面的子类型为"已修剪"或是"三角形",选择一组曲线串,单击"确定",即可生成需要的 N 边曲面。

类型参数含义如下:

已修剪:用于创建单个面,如图 1.4.40 所示。

三角形:需要一组封闭的曲线串,在封闭的环中创建三角形补片构成的曲面,每个三角形补片有公共的中心点。同时可以根据"形状控制"选项灵活控制补片的形状,如图 1.4.41 所示。

图 1.4.39　"N 边曲面"对话框

形状控制:主要用于三角形子类型,通过调节 X、Y、Z 和中心平滑控制来调节曲面的形状,达到用户的需要,如图 1.4.42 所示。

图 1.4.40　创建单个面

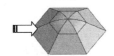

图 1.4.41　创建三角形补片曲面

图 1.4.42　形状控制参数

2. 曲面编辑

1)曲面修剪

功能:该操作命令在曲面造型中应用非常广泛,通过选择若干曲线串、曲面和基准平面作为边界,沿着指定的投影方向,对目标片体进行裁剪,形成新的曲面边界,所选的边界可以在被裁剪的曲面上,也可以是在被裁剪曲面外边,需要通过指定投影方向来确定裁剪的边界。

提示:

　　如果裁剪边界在投影后没有和目标曲面相交,则无法进行修剪曲面的操作。

操作:单击"曲面"工具条中的"修剪的片体"按钮 ,打开"修剪的片体"对话框,如图 1.4.43 所示,鼠标移动到绘图区,选择要修剪的片体,接着再选择修剪边界,单击"确定"即可,如图 1.4.44 所示。

提示:

　　选择要目标片体时,对话框中"区域"的设置,单击的位置就是保留或舍弃的区域点,如图 1.4.45 所示。

图 1.4.43　"修剪的片体"对话框

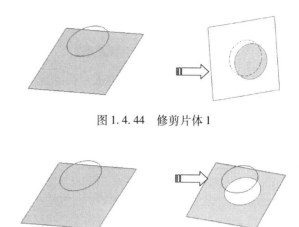

图 1.4.44　修剪片体 1

图 1.4.45　修剪片体 2

2）曲面偏置

功能:用来从一个曲面或者多个现有的曲面(曲面组)上,生成等距或者变距的偏置曲面,系统采用沿指定曲面的法向偏置点的方法来构建相应的偏置曲面。指定的距离称为偏置距离,指定的曲面称为基面,基面的类型不限,可以选择实体的轮廓表面,甚至可以选择一个球面。

操作:单击"曲面"工具条中的"偏置曲面"按钮,打开"偏置曲面"对话框,如图 1.4.46 所示,鼠标移动到绘图区,选择要偏置的片体,输入偏置距离,确定偏置方向后,单击"确定"即可,如图 1.4.47 所示。

图 1.4.46　"偏置曲面"对话框

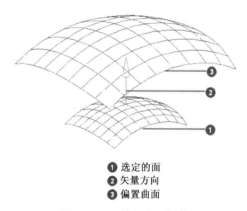

❶ 选定的面
❷ 矢量方向
❸ 偏置曲面

图 1.4.47　偏置曲面操作

3）曲面桥接

功能:用于在两个现有的曲面之间构建过渡曲面,过渡曲面与两个曲面的连接可以采用相切连续或曲率连续两种方法,该过渡曲面为 B 样条曲面。同时,为了进一步精确控制桥接曲面的形状,可以选择两外两组曲面或两组曲线作为曲面的侧面边界约束条件。

操作:单击"曲面"工具条中的"桥接"按钮,打开"桥接"对话框,如图 1.4.48 所示。

（1）允许选择两个主面，这两个主面会通过桥接特征连接起来，这是必需的步骤，如图1.4.49所示。

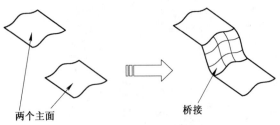

图1.4.48　"桥接"对话框　　　　　　图1.4.49　主面选择

（2）允许选择一个或两个侧面（可选），如图1.4.50所示。

（3）第一侧面线串和第二侧面线串的选择步骤都是可选的，使用户可以选择一个或两个线串（曲线或边）来引导桥接的形状，如图1.4.51所示。

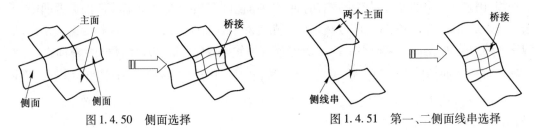

图1.4.50　侧面选择　　　　　　　图1.4.51　第一、二侧面线串选择

1.4.6　任务实施

1. 设计思路

将饮料瓶实体看成是一张瓶体曲面的加厚操作，按照以线构面的建模顺序，首先去绘制光滑的、决定外形的各个截面线串来构建瓶体曲面，再通过曲面编辑的方法生成瓶侧凹陷曲面、瓶侧凸出曲面等局部细节。

2. 操作步骤

1）构建瓶体曲面

（1）首选项设置：下拉菜单"首选项"→"建模"，如图1.4.52所示。

（2）绘制椭圆：如图1.4.53所示。

（3）单击WCS动态按钮，向+Z方向移动坐标系距离为300，如图1.4.54所示。

（4）绘制圆。圆心为WCS(0,0,0)，半径为40，支持平面为XY平面，并在"限制"中勾取"整圆"选项，如图1.4.55所示。

中心	长半轴	短半轴
(0,0,0)	50	25
(0,0,152)	120	50

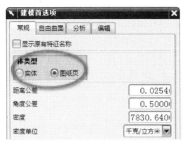

图 1.4.52　首选项设置

图 1.4.53　绘制椭圆

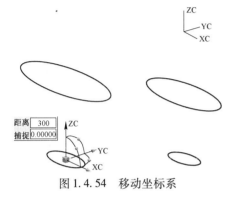

图 1.4.54　移动坐标系

图 1.4.55　绘制圆

（5）单击"视图"工具条中的 按钮，使绘图区域转换到"前视图"状态。

（6）绘制样条曲线 。如图 1.4.56 所示，设置阶次为 3，制图平面为当前"视图"状态。分别选取圆和椭圆的象限点以及其他合适的点，创建该样条曲线。

（7）通过菜单栏"分析"→"曲线"→"曲率梳"来调整曲率梳，使其没有交叉，以此来调顺该样条曲线，如图 1.4.57 所示，调整完毕之后，在此单击"分析"→"曲线"→"曲率梳"，关闭曲率梳功能。并单击"艺术样条"对话框中的"确定"按钮。

图 1.4.56　绘制样条曲线

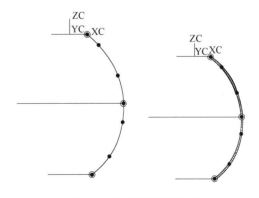

图 1.4.57　调整样条曲率

（8）镜像曲线 。选择刚刚绘制的艺术样条曲线作为要镜像的曲线，并选择 YZ 平面作为镜像平面，如图 1.4.58 所示。

（9）以同样的方法绘制另外两侧的艺术样条曲线，如图1.4.59所示，不再赘述。

（10）单击"实用工具"工具条中的按钮设置为绝对坐标系，使 WCS 坐标系回到原始位置。

（11）单击"曲面"工具条中的"通过曲线组"按钮，构建瓶体曲面。选择之前绘制的椭圆和圆作为主曲线，四条侧面样条曲线作为交叉曲线，如图1.4.60所示。

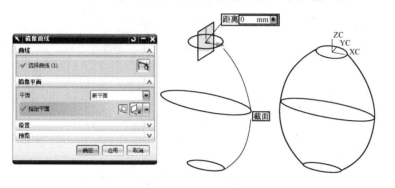
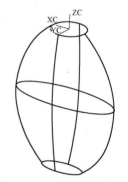

图1.4.58　镜像曲线　　　　　　　　图1.4.59　绘制另外两侧的
　　　　　　　　　　　　　　　　　　　　　　艺术样条曲线

2）创建瓶口曲面

（1）拉伸瓶口 $\phi 40$ 的圆生成高度为 20 的瓶口曲面，如图1.4.61所示。

图1.4.60　创建通过曲线组曲面　　　　　图1.4.61　拉伸瓶口曲面

（2）绘制圆：圆形(0,0,320)，半径为50，支持平面距当前 XY 平面高度为320，如图1.4.62所示。

（3）拉伸刚绘制的 $\phi 100$ 的圆，拉伸高度为6，如图1.4.63所示。

（4）再次拉伸 $\phi 40$ 的圆(起始26;结束56)，如图1.4.64所示。

（5）单击"特征"工具条中"有界平面"按钮，生成瓶口的两个环形平面，如图1.4.65所示。

3）构建瓶侧凹陷曲面

（1）单击 WCS 动态按钮，移动坐标系。分别使得 X 方向移动距离为46,Y 方向移动距离为50,Z 方向移动距离为214，单击 MB2 确定，如图1.4.66所示。

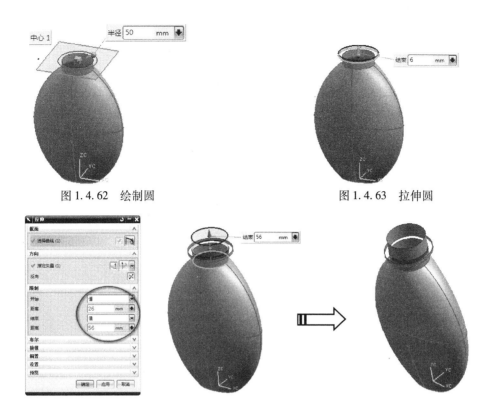

图 1.4.62　绘制圆

图 1.4.63　拉伸圆

图 1.4.64　再次拉伸 $\phi40$ 的圆

（2）再次使用"WCS 动态"功能 ，旋转坐标系。单击 Y 轴和 Z 轴中间的绿色小球，输入角度为 90°，再单击 X 轴和 Y 轴中间的绿色小球，输入角度为 -57°，单击鼠标 MB2 确认，效果如图 1.4.67 所示。

绘制椭圆：圆心为 WSC(0,0,0)，长半轴为 49，短半轴为 16，如图 1.4.68 所示。

（3）将 WCS 坐标系回到绝对位置 ，并镜像 椭圆曲线，如图 1.4.69 所示。

图 1.4.65　生成瓶口的两个环形平面

（4）单击"曲面"工具条中的"修剪片体"按钮 ，选择目标片体时，鼠标在椭圆以内的范围选取瓶身曲面。这一步修剪的效果是得到了一个有椭圆孔的瓶身曲面，如图 1.4.70 所示。

（5）单击"曲面"工具条中的"N 边曲面"按钮 ，选择类型为"三角形"，点选椭圆孔的边界，并调节"形状控制"中的 Z 值，使得生成的 N 边曲面有向内凹陷的形状，如图 1.4.71 所示。

（6）用同样的方法生成另外一侧的凹陷曲面。

4）构建瓶侧凸出曲面

（1）单击 WCS 动态按钮 ，移动坐标系。分别使得 X 方向移动距离为 -20，Y 方向移

图 1.4.66　移动坐标系

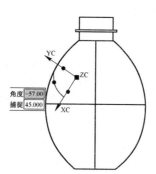

图 1.4.67　旋转坐标系

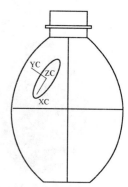

图 1.4.68　绘制椭圆

图 1.4.69　镜像椭圆曲线

图 1.4.70　修剪椭圆孔

动距离为 50,Z 方向移动距离为 110,单击 MB2 确定,如图 1.4.72 所示。

（2）绘制圆 ⌒:圆心为 WSC（0,0,0）,半径为 45mm,支持平面为 XZ 平面,如图 1.4.73 所示。

图 1.4.71　生成向内凹陷的形状

图 1.4.72　移动坐标系

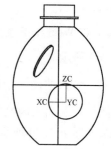

图 1.4.73　绘制半径为 45 圆

（3）单击"曲面"工具条中的"修剪片体"按钮 ,如图设置对话框,并点击刚绘制半径为 45 圆内的曲面为目标片体,选择圆为边界对象,修剪的结果得到了圆形的片体,且原曲面没有破坏,可以通过隐藏瓶身曲面观察到,如图 1.4.74 所示。

（4）再次使用"修剪片体"按钮 ,与上一步有所区别,取消勾选"保持目标"选项,选择目标片体时,鼠标在圆以外的范围选取瓶身曲面。这一步修剪的效果是得到了一个有圆孔的

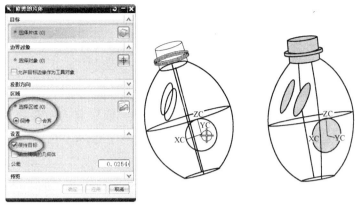

图 1.4.74 修剪圆

瓶身曲面,如图 1.4.75 所示。可以通过隐藏上一步的圆片体观察到。

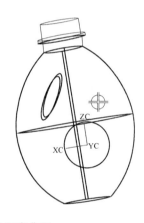

图 1.4.75 修剪圆孔的瓶身曲面

（5）隐藏 用过的椭圆曲线。

（6）单击"曲面"工具条中的"偏置曲面"按钮 ，选择圆形的小片体,偏置方向向外,偏置值为 4mm,如图 1.4.76 所示。并将原先的椭圆片体隐藏。

（7）单击"曲面"工具条中的"直纹面"功能 ，将偏置的片体与瓶身曲面连接起来,如图 1.4.77 所示。

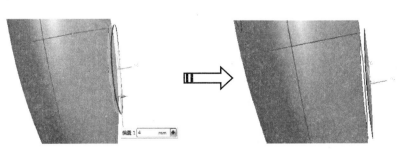

图 1.4.76 偏置圆形的小片体

图 1.4.77 创建直纹面

（8）用同样的方法，做出另一侧的凸出曲面。

5）创建瓶底平面

有界平面，如图 1.4.78 所示。

6）曲面求和

（1）隐藏所有的曲线。

（2）单击"特征操作"工具条中的"缝合"按钮 ，依次点选所有的片体，单击"确定"即可。

7）创建实体瓶身

单击"特征"工具条中的"片体加厚"按钮 ，厚度设置为 4mm，方向指向瓶内，如图 1.4.79 所示。

8）创建螺纹、边倒圆等细节特征

请读者自行完成，创建结果如图 1.4.80 所示。

图 1.4.78　创建瓶
底有界平面

图 1.4.79　创建
实体瓶身

图 1.4.80　创建螺纹、边倒
圆等细节特征

1.4.7　拓展训练2

任务描述：

花瓶曲面造型，创建如图 1.4.81 所示的花瓶曲面造型，花瓶厚度 2mm。

任务实施：

1. 设计思路

首先构建相应的截面线串，最后由"通过曲线组"构建三维曲面，再通过加厚功能构建实体。

2. 操作步骤

（1）绘制三个整圆 ：如图 1.4.82 所示。

圆心	半径
(0,0,0)	20
(0,0,10)	35
(0,0,25)	25

图 1.4.81　花瓶

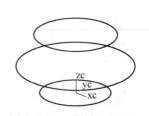

图 1.4.82　绘制三个整圆

（2）菜单栏："工具"→"表达式"，输入波浪线的表达式。

（3）单击"曲线"工具条"规律曲线"按钮，创建波浪线，参数如表1.4.1，完成规律曲线如图1.4.83所示。

（4）构建花瓶下部曲面：单击"曲面"工具条"通过曲线组"，完成创建如图1.4.84所示。

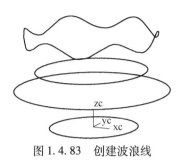

图1.4.83　创建波浪线

表1.4.1　参数表

名称	公　　式	单位
a	30	无单位
t	1	mm
xt	$a \times \sin(360 \times t)$	mm
yt	$a \times \cos(360 \times t)$	mm
zt	$3 \times \sin(6 \times 360 \times t) + 40$	mm

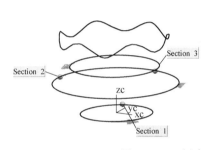

图1.4.84　创建花瓶下部曲面

（5）构建花瓶上部曲面：单击"曲面"工具条"通过曲线组"，设置与下部曲面的连续性为G1，选择下部曲面为约束面，完成创建如图1.4.85所示。

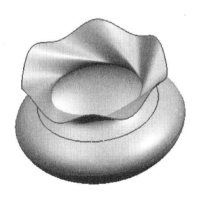

图1.4.85　创建花瓶上部曲面

（6）倘若生成的曲面像图一样不理想，可以将波浪线旋转，由于波浪线和曲面是关联的，所以波浪线旋转之后，曲面也跟着选择。菜单栏"编辑"→"移动对象"，选择波浪线，并设定旋转轴，可以尝试着旋转角度为90°，最终效果如图1.4.86所示。

（7）单击"特征"工具条中的"有界平面"按钮，创建生成花瓶底部平面，完成创建如图

1.4.87 所示。

（8）将组成花瓶的 3 个平面缝合 。

（9）通过"特征"工具条中的"片体加厚" 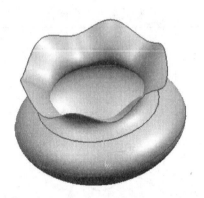功能，生成实体花瓶造型，如图 1.4.88 所示。

图 1.4.86　最终效果图　　　　　　　　图 1.4.87　创建生成花瓶底部有界平面

图 1.4.88　生成实体花瓶造型

项目1　小　结

本项目主要介绍了 UG NX 草图曲线、曲线、实体建模及曲面基本功能，主要包括草图曲线的绘制、编辑和约束等及曲线绘制、编辑；建模的视图布局、工作图层、对象操作、坐标系设置、参数设置等操作，介绍了基本实体模型的建模方法和由曲线生成实体的方法以及实例特征的创建方法、特征操作和特征编辑，同时，通过对典型零件的实体模型的创建过程的介绍以及拓展训练，使读者能够快速掌握各种实体建模的方法。

习　题

1. 草图与曲线造型：根据给定的图形尺寸，完成其草图及曲线造型。

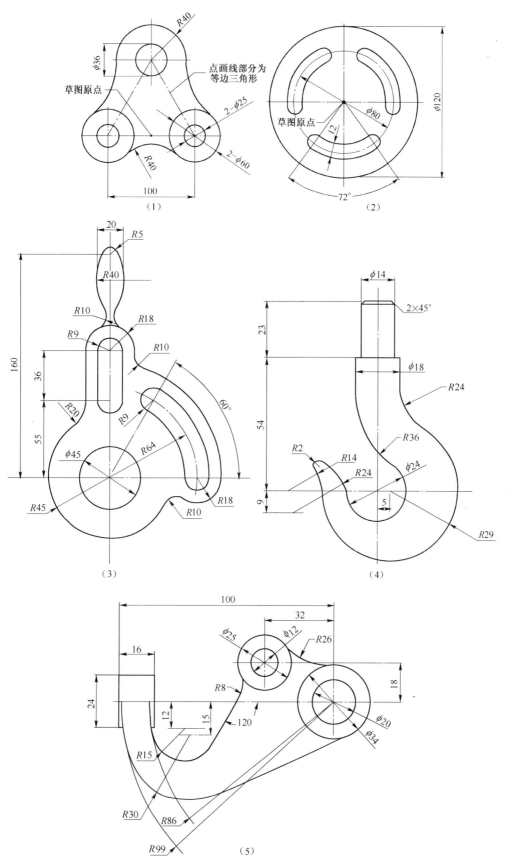

（1）

点画线部分为
等边三角形

草图原点

草图原点

（2）

（3）

（4）

（5）

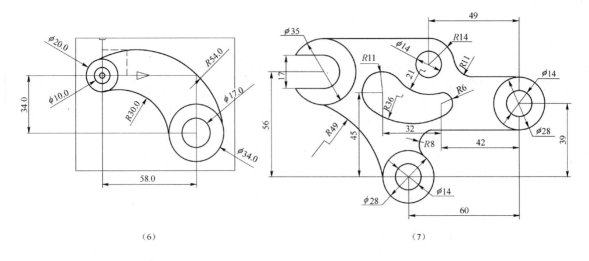

（6）

（7）

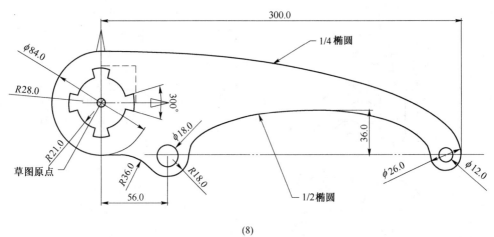

草图原点

1/4椭圆

1/2椭圆

(8)

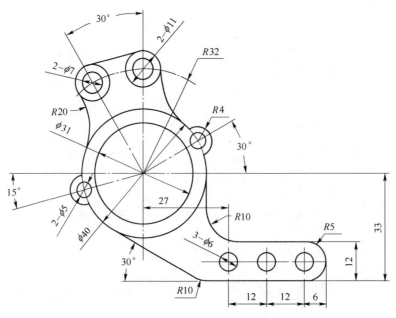

（9）

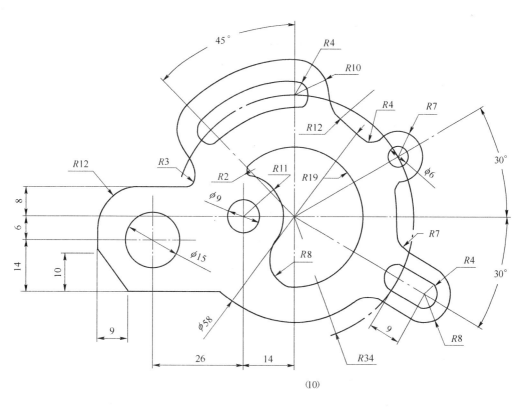

(10)

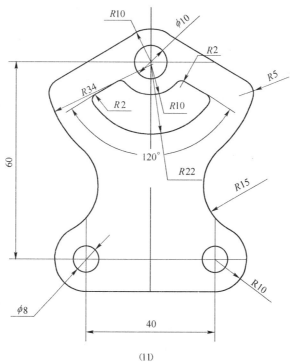

(11)

2. 实体建模:根据给定的实体工程图尺寸完成实体造型。

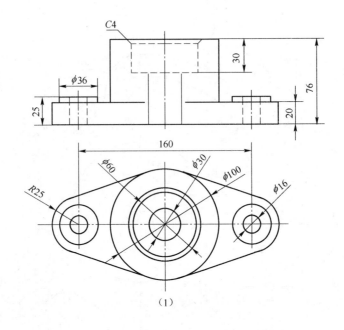

（1）

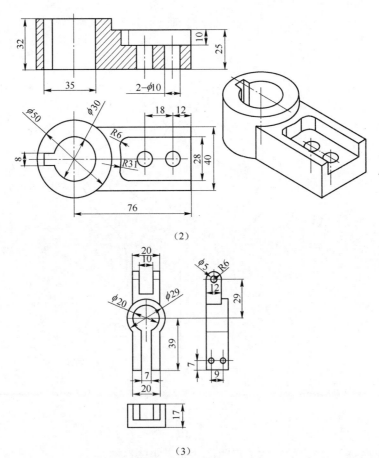

（2）

（3）

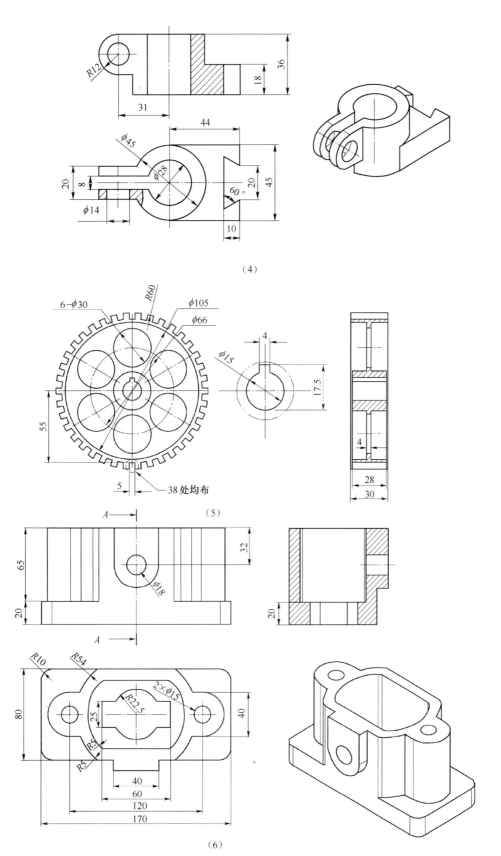

（4）

（5）

（6）

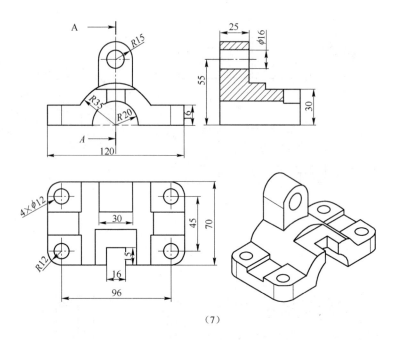

（7）

3. 曲面造型：根据图样和尺寸要求完成曲面造型。

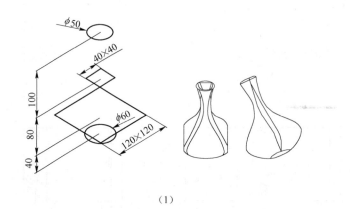

（1）

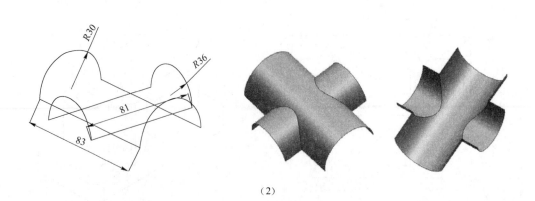

（2）

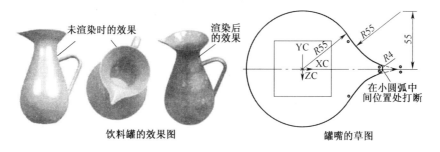

未渲染时的效果

渲染后的效果

饮料罐的效果图

罐嘴的草图

在小圆弧中间位置处打断

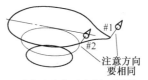

罐嘴草图

φ75

φ30

φ100

φ130 ZC

φ70 YC XC

其他草图及草图间的距离

建立直纹曲面时选择曲线情况

注意方向要相同

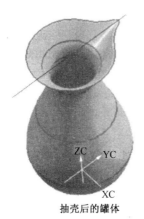

抽壳后的罐体

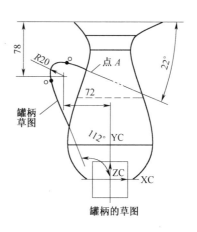

点 A

罐柄草图

罐柄的草图

（3）

项目 2   工程图设计

任务 2.1   标注工程图

知 识 目 标	能 力 目 标	建议学时
(1)掌握 UG 工程图的一般过程； (2)掌握工程图的标注方法。	(1) 能进行工程图的管理以及视图的管理； (2) 能进行各种类型视图的运用及生成方法； (3) 能进行尺寸、形位公差及注释等内容的标注。	6

2.1.1   任务导入

利用已完成的轴承座三维模型建立二维工程图,轴承座三维模型如图 2.1.1 所示。

2.1.2   知识链接

利用 UG 的 Modeling(实体建模)功能创建的零件和装配模型,可以引用到 UG 的制图(工程图)功能中,快速地生成二

图 2.1.1   轴承座三维模型

维工程图。由于 UG 的制图功能是基于创建三维实体模型二维投影所得到的二维工程图,因此工程图与三维实体模型是完全关联的,实体模型的尺寸、形状和位置的任何改变,都会引起二维工程图做出相对应的变化。还可以利用 UG NX 的工程图模块中提供的工程图操作工具创建出不同的符合设计要求的二维工程图。

1. 制图基本操作

1) 工程图界面

在"标准"工具条上选择"开始"→"制图"选项,或者在"应用"工具栏中单击"制图"按钮
，都可以进入工程图模块,如图 2.1.2 所示。

图 2.1.2   进入工程图模块

UG 工程图工作环境界面如图 2.1.3 所示。

2) 创建工程图

创建工程图即是新建图纸页,而新建图纸页是进入工程图环境的第一步。在工程图环境

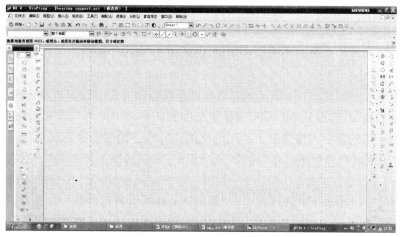

图 2.1.3 工程图工作环境界面

中建立的任何图形都将在创建的图纸页上完成。在进入工程图环境时,系统会自动创建一张图纸页。或在工程图环境下,选择"插入"→"图纸页"选项,或在"图纸布局"工具栏中单击"新建图纸页"按钮 ,都可以打开"工作表"对话框,如图 2.1.4 所示。该对话框中主要选项的功能及含义如下。

(1)大小:该列表框用于指定图样的尺寸规范。可以直接在其下拉列表中选择与工程图相适应的图纸规格。图纸的规格随选择的工程单位不同而不同。

(2)比例:该选项用于设置工程图中各类视图的比例大小。一般情况下,系统默认的图样比例是 1:1。

(3)图纸页名称:该文本框用于输入新建工程图的名称。系统会自动按顺序排列。也可以根据需要指定相应的名称。

(4)投影:该选项组用于设置视图的投影角度方式。对话框中共提供了两种投影角度方式,即第一象限角投影和第三象限角投影。按照我国的制图标准,应选择第一象限角度投影和毫米公制选项。

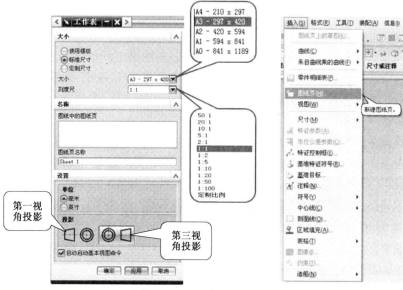

图 2.1.4 "工作表"对话框

此外,在该对话框中"大小"选项组还包括了3种类型的图纸建立方式。

(1) 使用模块。选中该单选按钮,打开如图2.1.5所示的对话框。此时,可以直接在对话框的"大小"面板中直接选取系统默认的图纸选项,单击"确定"按钮即可直接应用于当前的工程图中。

(2) 标准尺寸。如图2.1.4所示的对话框即是选择该方式时对应的对话框。在该对话框的"大小"下拉列表中,选择从A0～A4国标图纸中的任意一个作为当前工程图的图纸。还可以在"刻度尺"下拉列表中直接选取工程图的比例。另外,"图纸中的图纸页"显示了工程图中所包含的所有图纸名称和数量。在"设置"选项组中,可以选择工程图的尺寸单位以及视图的投影视角。

(3) 定制尺寸。选中该单选按钮,打开如图2.1.6所示的对话框。在该对话框中,可以在"高度"和"长度"文本框中自定义新建图纸的高度和长度。还可以在"刻度尺"文本框中选择当前工程图的比例。其他选项与选中"标准尺寸"单选按钮时的对话框中的选项相同。

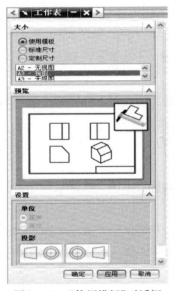

图 2.1.5 "使用模板"对话框

图 2.1.6 "定制尺寸"对话框

3) 添加视图

添加视图操作就是一个生成模型视图的过程,即向图纸空间放置各种基本视图。一个工程图中可以包含若干个基本视图,这些视图可以是主视图、投影视图、剖视图等,通过这些视图的组合可进行三维实体模型的描述。

(1) 添加基本视图。

基本视图是零件向基本投影面投影所得的图形。它包括零件模型的主视图、后视图、俯视图、仰视图、左视图、右视图、等轴测图等。一个工程图中至少包含一个基本视图,因此在生成工程图时,应该尽量生成能反映实体模型的主要形状特征的基本视图。

建立基本视图,应在"图纸"工具栏中单击"基本视图"按钮 🖼,或选择"插入"→"视图"→"剖视图"选项,打开"基本视图"对话框,如图2.1.7所示,其中该对话框的主要选项的含义和功能介绍如下。

① 部件:该面板用于选择需要建立工程图的部件模型文件。

② 放置:该选项用于选择基本视图的放置方法。

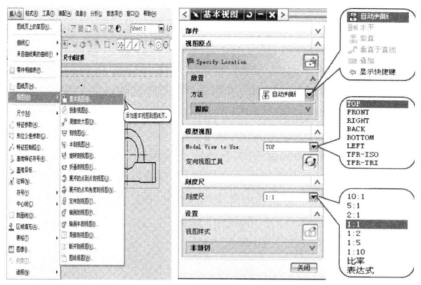

图 2.1.7 "基本视图"对话框

③ 模型视图:该选项用于选择添加基本视图的种类。

④ 刻度尺:该选项用于选择添加基本视图的比例。

⑤ 视图样式:该按钮用于编辑基本视图的样式。单击该按钮,打开"视图样式"对话框,在该对话框中可以对基本视图中的隐藏线段、可见线段、追踪线段、螺纹、透视等样式进行详细设置。

(2) 添加投影视图。

一般情况下,单一的基本视图很难将一个复杂实体模型的形状表达清楚,在添加完成基本视图后,还需要对其视图添加相应的投影视图才能够完整地将实体模型的形状和结构特征表达清楚。其中投影视图是从父项视图产生的正投影视图。

在建立基本视图时,如设置建立完成一个基本视图后,此时继续拖动鼠标,可添加基本视图的其他投影视图。若已退出添加基本视图操作,可在"图纸"工具栏中单击"投影视图"按钮,打开"投影视图"对话框,如图 2.1.8 所示。

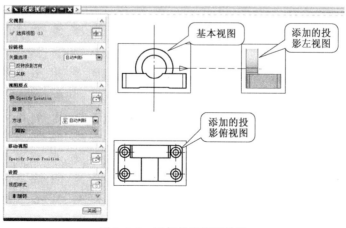

图 2.1.8 添加投影视图效果

利用该对话框,可以对投影视图的放置位置、放置方法以及反转视图方向等进行设置。该对话框中的选项和其操作步骤与建立基本视图相类似。

（3）添加简单剖视图。

当零件的内部结构较为复杂时，视图中就会出现较多的虚线，致使图形表达不够清晰，给看图、作图以及标注尺寸带来了困难。此时，就可以利用 UG NX 中提供的剖切视图的工具创建工程图的剖视图，以便更清晰、更准确地表达零件内部的结构特征。其中简单剖视图包括全剖视图和半剖视图。

① 全剖视图。

全剖视图是以一个假想平面为剖切面，对视图进行整体的剖切操作。当零件的内形比较复杂、外形比较简单或外形已在其他视图上表达清楚时，可以利用全剖视图工具对零件进行剖切。要创建全剖视图，在"图纸"工具栏中单击"剖视图"按钮 ⊘，或选择"插入"→"视图"→"剖视图"选项，如图 2.1.9 所示，打开"剖视图"对话框。此时，单击选择要剖切的工程图，打开下一步"剖视图"对话框，如图 2.1.10 所示。

图 2.1.9　打开"剖视图"菜单栏

在该对话框中单击"剖切线样式"按钮 ⬚，在打开的"剖切首选项"对话框中可以设置剖切线箭头的大小、样式、颜色、线型、线宽以及剖切符号名称等参数。设置完上述参数后，选取要剖切的基本视图，然后拖动鼠标在绘图区放置适当位置即可完成，效果如图 2.1.11 所示。

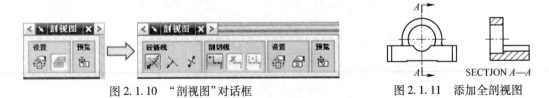

图 2.1.10　"剖视图"对话框　　　　　　　　图 2.1.11　添加全剖视图

② 半剖视图。

半剖视图是指当零件具有对称平面时，向垂直于对称平面的投影面上投影所得到的图形。由于半剖视图既充分地表达了机件的内部形状，又保留了机件的外部形状，所以常采用它来表达内外部形状都比较复杂的对称机件。当机件的形状接近于对称,且不对称的部分已另有图形表达清楚时,也可以利用半剖视图来表达。

在"图纸"工具栏中单击"半剖视图"按钮 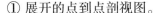,或选择"插入"→"视图"→"半剖视图"选项,打开"半剖视图"对话框。此时,若单击要剖切的工程图,打开下一步"剖视图"对话框,如图2.1.12所示。

图2.1.12 "半剖视图"对话框

要创建半剖视图,首先在绘图区域选取要进行剖切的父视图,其次用矢量功能指定铰链线。再次指定半剖视图的剖切位置,最后拖动鼠标将其半剖视图放置到图纸中的理想位置即可,其效果如图2.1.13所示。

(4)旋转剖视图。

用两个成一定角度的剖切面(两平面的交线垂直于某一基本投影面)剖开机件,以表达具有回转特征机件的内部形状的视图,称为旋转剖视图。旋转剖视图可以包含1个~2个支架,每个支架可由若干个剖切段、弯折段等组成。它们相交于一个旋转中心点,剖

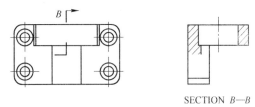

图2.1.13 添加半剖视图

切线都围绕同一个旋转中心旋转,而且所有的剖切面将展开在一个公共平面上。该功能常用于生成多个旋转截面上的零件剖切结构。

在"图纸"工具栏中单击"旋转剖视图"按钮 ,或选择"插入"→"视图"→"旋转剖视图"选项,打开"旋转剖视图"对话框。此时,若选取要剖切的视图,将打开下一步"旋转剖视图"对话框,如图2.1.14所示。

图2.1.14 "旋转剖视图"对话框

要添加旋转剖视图,首先在绘图区中选择要剖切的视图后,在视图中选择旋转点,并在旋转点的一侧指定剖切的位置和剖切线的位置。再用矢量功能指定铰链线,然后在旋转点的另一侧设置剖切位置,完成剖切位置的指定后,拖动鼠标将剖视图放置在适当的位置即可,其效果如图2.1.15所示。

(5)展开剖视图。

使用具有不同角度的多个剖切面(所有平面的交线垂直于某一基准平面)对视图进行剖切操作,所得的视图即为展开剖视图。该剖切方法使用于多孔的板类零件,或内部结构复杂的且不对称类零件的剖切操作。在UG NX中包含两种展开剖视图工具。

① 展开的点到点剖视图。

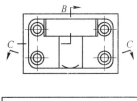

图2.1.15 添加旋转剖视图

展开的点到点剖视图是使用任何父视图中连接一系列指定点的剖切线来创建一个展开的剖视图。利用该方式可以创建有对应剖切线的展开剖视图,该剖切线包括多个无折弯段的剖切段。

在"图纸"工具栏中单击"展开的点到点剖视图"按钮 ⬙,或选择"插入"→"视图"→"展开的点到点剖视图"选项,打开"展开的点到点剖视图"对话框。此时若选取要展开的视图,将打开下一步"展开的点到点剖视图"对话框,如图 2.1.16 所示。

图 2.1.16　"展开的点到点剖视图"对话框

要使用该方式创建展开剖视图,首先选取要展开的视图,接着指定铰链线的位置,并在视图中选择通过的多个关联点。然后在"展开的点到点剖视图"对话框中单击"放置视图"按钮,并在绘图区域适当的位置放置视图即可,创建方法如图 2.1.17 所示。

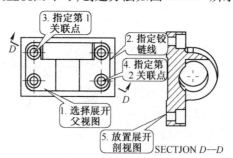

图 2.1.17　添加展开的点到点剖视图

② 展开的点和角度剖视图。

展开的点和角度剖视图是通过指定剖切线分段的位置和角度来创建剖视图的。这里剖切线是在父视图中创建的。在"图纸"工具栏中单击"展开的点和角度剖视图"按钮 ⬙,或选择"插入"→"视图"→"展开的点和角度剖视图"选项,打开"展开剖视图—线段和角度"对话框,如图 2.1.18 所示。

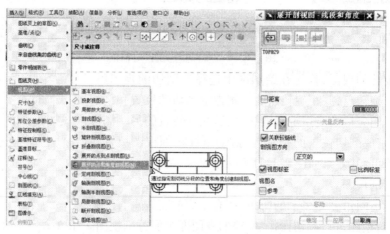

图 2.1.18　"展开的点和角度剖视图"对话框

要使用该方式创建展开剖视图,首先选取父视图选项,然后单击"定义铰链线"按钮,并指定铰链线及关联点,最后在适当位置放置视图即可,创建方法如图 2.1.19 所示。

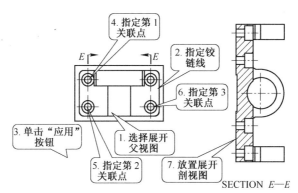

图 2.1.19 添加展开的点和角度剖视图

（6）局部剖视图。

局部剖视图是用剖切平面局部地剖开机件所得的视图。局部剖视图是一种灵活的表达方法,用剖视图的部分表达机件的内部结构,不剖的部分表达机件的外部形状。对一个视图采用局部剖视图表达时,剖切的次数不宜过多,否则会使图形过于破碎,影响图形的整体性和清晰性。局部剖视图常用于轴、连杆、手柄等实心零件上有小孔、槽、凹坑等局部结构需要表达其类型的零件。

在"图纸"工具栏中单击"局部剖视图"按钮 ⌷ ,或选择"插入"→"视图"→"展开的点和角度剖视图"选项,打开"局部剖"对话框,如图 2.1.20 所示。该对话框中各个按钮及主要选项的含义如下。

图 2.1.20 打开"局部剖"界面

① 选择视图。

打开"局部剖"对话框后,"选择视图"按钮 ⌷ 自动被激活。此时,可在绘图工作区中选取已建立局部剖视边界的视图作为视图,如图 2.1.21 所示。

② 指定基点。

基点是用于指定剖切位置的点。选取视图后,"指定基点"按钮 ⌷ 被激活。此时可选取一点来指定局部剖视的剖切位置。但是,基点不能选择局部剖视图中的点,而要选择其他视图中的点,如图2.1.22所示。

图 2.1.21 "局部剖"对话框一

图 2.1.22 "局部剖"对话框二

③ 指出拉伸矢量。

指定了基点位置后,此时"指出拉伸矢量"按钮 ![] 被激活。对话框的视图列表框会变成矢量选项形式。这时绘图工作区中会显示默认的投影方向,可以接受方向,也可用矢量功能选项指定其他方向作为投影方向,如果要求的方向与默认方向相反,则可选择"矢量方向"选项使之反向,如图2.1.23所示。

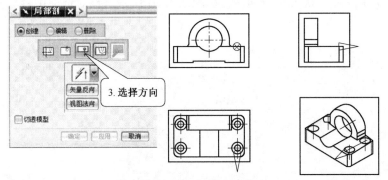

图 2.1.23 "局部剖"对话框三

④ 选择曲线。

曲线指的是局部剖视图的剖切范围。在指定了剖切基点和拉伸矢量后,"选择曲线"按钮 ![] 被激活。此时,可选择对话框中的"链"选项选择剖切面,也可直接在图形中选取曲线(关于曲线的建立在后面的实例中将详细介绍)。当选取错误时,可利用"不选上一个"选项来取消一次选择,如图2.1.24所示。如果选取的剖切边界符合要求,单击"确定"按钮后,则系统会在选择的视图中生成局部剖视图,效果如图2.1.25所示。

(7) 添加放大图。

当零件上某些细小结构在视图中表达不够清楚或者不便标注尺寸时,可将该部分结构用大于原图的比例画出,得到的图形称为局部放大图。局部放大图的边界可以定义为圆形,也可以定义为矩形。主要用于机件上细小工艺结构的表达,如退刀槽、越程槽等。

在"图纸"工具栏中单击"局部放大图"按钮 ![],或选择"插入"→"视图"→"局部放大图"选项,打开"局部放大图"对话框,如图2.1.26所示。

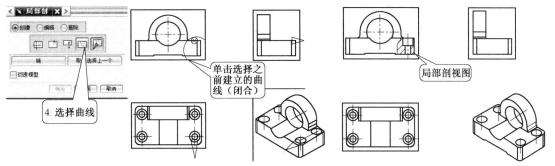

图 2.1.24　"局部剖"对话框四　　　　　　　　图 2.1.25　局部剖视图效果

　　要添加局部放大图,首先在"局部放大图"对话框中定义放大视图边界的类型,然后在视图中指定要放大处的中心点,接着指定放大视图的边界点。最后设置放大比例并在绘图区域中适当的位置放置视图即可,效果如图 2.1.27 所示。

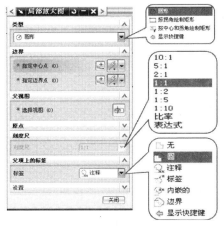

图 2.1.26　"局部放大图"对话框

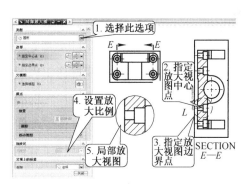

图 2.1.27　局部放大图效果

2. 标注

　　工程图的标注是反映零件尺寸和公差信息的最重要的方式。利用标注功能,可以向工程图中添加尺寸、形位公差、制图符号和文本注释等内容。

　　1) 尺寸标注

　　尺寸标注用于标识对象的尺寸大小。由于 UG 工程图模块和三维实体造型模块是完全关联的,因此,在工程图中进行标注尺寸就是直接引用三维模型真实的尺寸,具有实际的含义,因此无法像二维软件中的尺寸可以进行改动,如果要改动零件中的某个尺寸参数需要在三维实体中修改。如果三维被模型修改,工程图中的相应尺寸会自动更新,从而保证了工程图与模型的一致性。

　　选择"插入"→"尺寸"子菜单下的相应选项,或在"尺寸"工具栏中单击相应的按钮,系统将弹出各自的"尺寸标注"对话框,都可以对工程图进行尺寸标注,其"尺寸"工具栏如图2.1.28 所示。

　　工具栏中共包含了各种尺寸类型。该工具栏用于选取尺寸标注的标注样式和标注符号。在标注尺寸前,先要选择尺寸的类型。工具条上各工具的功能含义如下。

　　(1) 自动判断 ：该选项由系统自动推断出选用哪种尺寸标注类型进行尺寸标注。

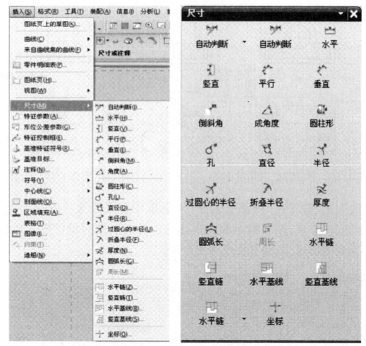

图 2.1.28 "尺寸"工具栏

（2）水平 ▭：该选项用于标注工程图中所选对象间的水平尺寸。

（3）竖直 ▯：该选项用于标注工程图中所选对象间的竖直尺寸。

（4）平行 ⟋：该选项用于标注工程图中所选对象间的平行尺寸。

（5）垂直 ⟋：该选项用于标注工程图中所选点到直线（或中心线）的垂直尺寸。

（6）倒斜角 ⟋：用于标注 45°倒角的尺寸，暂不支持对其他角度的倒角进行标注。

（7）成角度 △：该选项用于标注工程图中所选两直线之间的角度。

（8）圆柱形 ▦：该选项用于标注工程图中所选圆柱对象之间的直径尺寸。

（9）孔 ⌀：该选项用于标注工程图中所选孔特征的尺寸。

（10）直径 ⌀：该选项用于标注工程图中所选圆或圆弧的直径尺寸。

（11）半径 ⟋：该选项用于标注工程图中所选圆或圆弧的半径尺寸。

（12）过圆心的半径 ⟋：用于标注圆弧或圆的半径尺寸，与"半径"工具不同的是，该工具从圆心到圆弧自动添加一条延长线。

（13）折叠半径 ⟋：用于建立大平径圆弧的尺寸标注。

（14）厚度 ⟋：用于标注两要素之间的厚度。

（15）圆弧长 ⌒：用于创建一个圆弧长尺寸来测量圆弧周长。

（16）周长 ▦：用于创建周长约束以控制选定直线和圆弧的集体长度。

（17）水平链 ▥：用于将图形中的尺寸依次标注成水平链状形式，其中每个尺寸与其相邻尺寸共享端点。

（18）竖直链 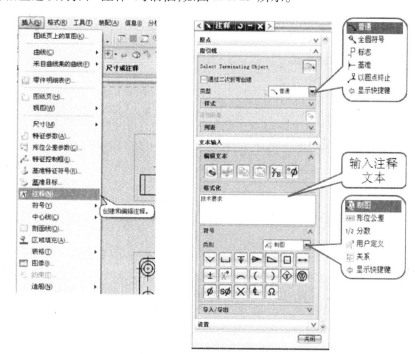:用于将图形中的多个尺寸标注成竖直链状形式,其中每个尺寸与其相邻尺寸共享端点。

（19）水平基准线 :用于将图形中的多个尺寸标注为水平坐标形式,其中每个尺寸共享一条公共基线。

（20）竖直基准线 :用于将图形中的多个尺寸标注为竖直坐标形式,其中每个尺寸共享一条公共基线。

2）标注文本

标注文本用于工程图中零件基本尺寸的表达、各种技术要求的有关说明,以及用于表达特殊结构尺寸,定位部分的制图符号和形位公差等。

标注文本主要是对图纸上的相关内容做进一步说明,如零件的加工技术要求、标题栏中的有关文本注释以及技术要求等。在“注释”工具栏中单击“注释”按钮 ,或选择“插入”→“注释”菜单的相应选项,打开“注释”对话框,如图 2.1.29 所示。

图 2.1.29 “注释”对话框

在标注文本注释时,要根据标注内容,首先对文本注释的参数选项进行设置,如文本的字形、颜色、字体的大小,粗体或斜体的方式,文本角度,文本行距和是否垂直放置文本。然后在文本输入区输入文本的内容。此时,若输入的内容不符合要求,可再在编辑文本区对输入的内容进行修改。

输入文本注释后,在注释编辑器对话框下部选择一种定位文本的方式,按该定位方法将文本定位到视图中即可。

“注释”对话框中各选项区的功能介绍如下。

（1）原点。

该选项区用于注释的参考点的设置,选项区各选项含义如下。

① Specify Location(指定位置):为注释指定参考点位置,参考点位置可通过在视图中自行指定,也可单击"原点工具"按钮 ,在弹出的"原点工具"对话框中选择原点与注释的位置关系来确定,如图 2.1.30 所示。

② 自动对齐:用于确定原点和注释之间的关联设置。该下拉列表框中包括 3 个选项即关联、非关联和关。"关联"是指注释与原点有关联关系,当选择此项时,下方的 4 个复选框全部打开。"非关联"是指注释与原点不保持关联关系,当选择此项时,下方仅有"叠放注释"和"水平或竖直对齐"复选框被打开。"关"是指将下方的 4 个复选框全部关闭,即注释与原点不保持关联关系。

③ 叠放注释:即新注释叠放于参照注释的上、下、左、右,如图 2.1.31 所示。

④ 水平或竖直对齐:即新注释与参照注释呈水平或竖直放置,如图 2.1.32 所示。

图 2.1.30 "原点工具"对话框

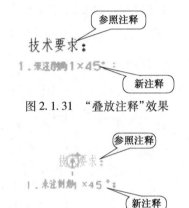

图 2.1.31 "叠放注释"效果

图 2.1.32 "水平或竖直对齐"效果

⑤ 相对于视图的位置:新注释以选定的视图中心作为位置参照并放置,如图 2.1.33 所示。

⑥ 相对于几何体的位置:新注释以选定的几何体作为位置参照并放置,如图 2.1.34 所示。

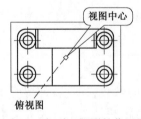

图 2.1.33 "相对于视图的位置"效果

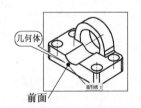

图 2.1.34 "相对于几何体的位置"效果

⑦ 锚点:是指光标在注释中的位置。在其下拉列表框中包括有 9 种光标摆放位置。

⑧ 注释视图:要添加注释的视图。

(2)指引线。

该选项区的作用主要是创建和编辑注释的指引线。其选项设置如图 2.1.35 所示。

该选项区的各选项含义如下。

① Select Terminating Object(选择终止对象):为指引线选择指引对象,如图 2.1.36 所示。

② 通过二次折弯创建:选择此复选框,即可创建折弯的指引线,如图 2.1.37 所示。

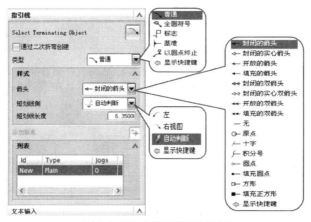

图 2.1.35　"指引线"对话框

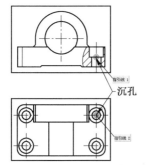

图 2.1.36　"选择终止对象"效果

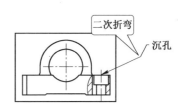

图 2.1.37　"通过二次折弯"效果

③ 类型:指引线的类型,其下拉列表框中包括有 5 种指引线的类型。

④ 样式:指引线的样式设置,包括箭头的设置、短画线侧的设置和短画线长度的设置。

(3) 文本输入。

"文本输入"选项区的作用是创建和编辑注释的文本。

(4) 设置。

"设置"选项区主要用于注释文本的样式编辑。

3) 标注表面粗糙度

在首次使用标注表面粗糙度符号时,要检查工程图模块中的"插入"→"符号"的子菜单中是否存在"表面粗糙符号"选项,如图 2.1.38 所示。如没有该选项,需要在 UG 安装目录的 UGII 目录中找到环境变量设置文件 ugii_env_ ug. dat,用记事本将其打开,将环境变量 UGII_SURFACE_FINISH 默认设置为 ON 状态。保存环境变量后,重新进入 UG 系统,才能进行表面粗糙度的标注操作,如图 2.1.39 所示。

标注形位公差时,如选择"插入"→"符号"→"表面粗糙度符号"选项时,将会打开如图 2.1.40 所示的"表面粗糙度符号"对话框,该对话框用于在视图中对所选对象进行表面粗糙度的标注。在进行表面粗糙度标注时,首先在对话框中的"符号类型"选项组中选择表面粗糙度符号类型,然后在"可变显示区"中依次设置该表面粗糙度类型的单位、文本尺寸和相关参数。如因设计需要,还可以在"圆括号"下拉列表中选择括号类型。指定各参数后,然后在该对话框的下部指定表面粗糙度符号的方向,并选择与粗糙度符号关联的对象类型,最后在绘图区中

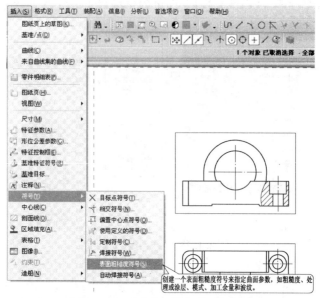

图 2.1.38　"表面粗糙符号"的选用

选择指定类型的对象,确定标注表面粗糙度符号的位置,即可完成表面粗糙度符号的标注。

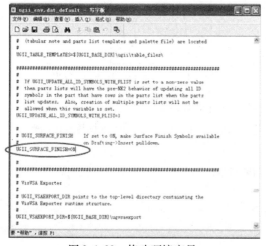

图 2.1.39　修改环境变量

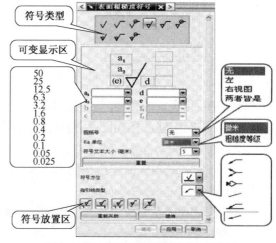

图 2.1.40　"表面粗糙度符号"对话框

4)标注形位公差

形位公差是将几何、尺寸和公差符号组合在一起形成的组合符号,它用于表示标注对象与参考基准之间的位置和形状关系。形位公差一般在创建单个零件或装配体等实体的工程图时,一般都需要对基准、加工表面进行有关基准或形位公差的标注。

在"注释"工具条上单击"特征控制框"按钮,或选择"插入"→"特征控制框",弹出"特征控制框"对话框,如图 2.1.41 所示。

"特征控制框"对话框除"帧"选项区外,其余选项区的功能与设置均与前面所述的"注释"对话框相同,因此这里仅介绍"帧"选项区的功能设置,各选项组介绍如下:

(1)特性。

"特性"选项组中包括有 14 个形位公差符号。

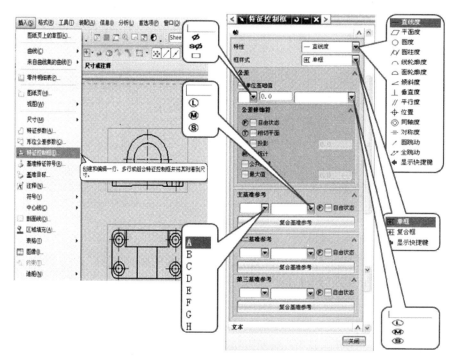

图 2.1.41   "特征控制框"对话框

（2）框样式。

"框样式"选项组中包括单选框和复选框。单选框就是单行并列的标注框。复选框就是两行并列的标注框。

（3）公差。

"公差"选项组主要用来设置形位公差标注的公差值、形位公差遵循的原则以及公差修饰等。

（4）主基准参考。

"主基准参考"选项组主要用来设置主基准以及遵循的原则、要求。

（5）第一基准参考。

"第一基准参考"选项组主要用来设置第一基准以及遵循的原则、要求。

（6）第二基准参考。

"第二基准参考"选项组主要用来设置第二基准以及遵循的原则、要求。

2.1.3   任务实施

1. 建立轴承座二维工程图

轴承座三维模型如图 2.1.42 所示。

（1）启动 UG NX6.0 软件,打开轴承座(Bearing Support)文件,可见图 2.1.42 所示的三维模型。

（2）在"标准"工具条上选择"开始"→"制图"选项,或者在"应用"工具栏中单击"制图"按钮，,都可以进入工程图模块。

（3）出现"工作表"对话框,如图 2.1.43 所示。

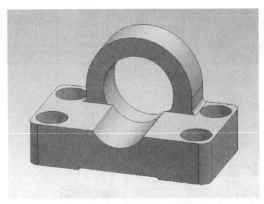

图 2.1.42 轴承座三维模型

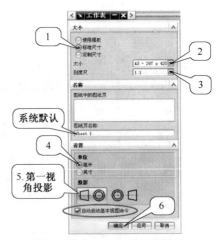

图 2.1.43 "工作表"对话框选项

①"大小"选项区:选择"标准尺寸"选项;"大小"选项组内选择"A_3 – 297 × 420"选项;"刻度尺"选项组内选择"1∶1"选项。

②"名称"选项区:对于新建图纸页"在图纸中的图纸页"对话框内是空白项;在"图纸页名称"对话框内用于输入新建工程图的名称,系统默认的第一张图纸页命名为"sheet 1"。

③"设置"选项区:"单位"选择"毫米"选项;"投影"选择"第一视角投影"选项。

④ 单击"确定"按钮。

(4) 系统自动弹出"基本视图"对话框,如图 2.1.44 所示。

①"视图原点"选项区:在图框内适合的位置单击鼠标左键,放置基本视图。

②"模型视图"选项区:"Modle View to Use"选项组内选择"FRONT"选项。

③"刻度尺"选项区:"刻度尺"选项组内选择"1∶1"选项。

④"设置"选项区:不做选择,按系统默认设置。

(5) 基本视图放置完成后,系统自动弹出"投影视图"对话框,如图 2.1.45 所示。

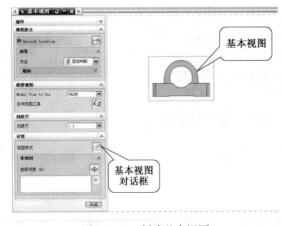

图 2.1.44 创建基本视图

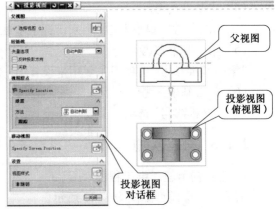

图 2.1.45 添加投影视图

①"父视图"选项区:系统默认上一步建立的基本视图为父视图。

②"铰链线"选项区:按系统默认选择"自动判断"选项。

③"视图原点"选项区:"放置"选项组内的"方法"按系统默认选择"自动判断"选项。

④ "移动视图"、"设置"选项区:均不做选择,按系统默认设置。

⑤ 在图框内基本视图正下方单击鼠标左键,放置投影视图—俯视图。

提示:

　建议将工程图的图层设置在 101 层~120 层,这样有利于分类管理,提高操作效率,快速地进行图层管理、查找等。在进入工程图模块前,将工作图层更改为 101 层。

（6）添加全剖视图,如图 2.1.46 所示。

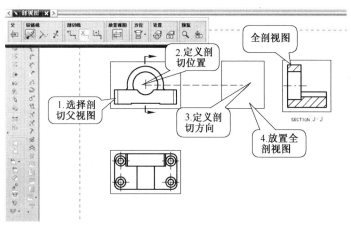

图 2.1.46　添加全剖视图

① 在下拉菜单上选择"插入"→"视图"→"剖视图"选项,或者在"图纸"工具条中单击"剖视图"按钮 ⊙,系统弹出"剖视图"对话框。

② 选择父视图:光标选中主视图后单击鼠标左键,此时主视图被选择为剖切图的父视图。

③ 定义剖切位置:光标选中主视图中的孔边缘,孔边缘高亮,孔中心点亮后单击鼠标左键,剖切位置被定义。

④ 定义剖切方向:向主视图右侧移动光标,定义剖切方向。

⑤ 在图框内主视图右侧合适位置单击鼠标左键,放置全剖视图。

（7）添加局部放大图,如图 2.1.47 所示。

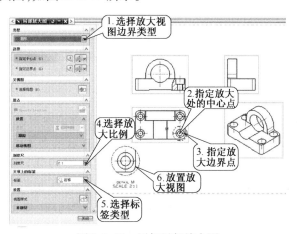

图 2.1.47　添加局部放大图

① 在下拉菜单上选择"插入"→"视图"→"局部放大图"选项,或者在"图纸"工具条中单

击"局部放大图"按钮 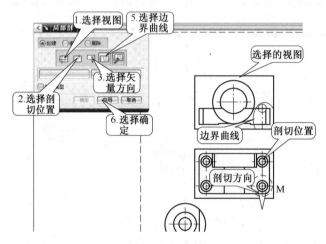，系统弹出"局部放大图"对话框。

② 保留对话框的"圆形"边界类型，光标选中要放大处的中心点后单击鼠标左键确定，然后移动鼠标制定放大视图的边界单击鼠标左键确定。

③ 在对话框的"刻度尺"选项区中选择放大视图的比例，在"父项上的标签"选项区选择"标签"选项。

④ 在图面上选择合适的位置单击鼠标左键，放置局部放大视图。

（8）添加局部剖视图，如图2.1.48所示。

图 2.1.48　添加局部剖视图

① 在下拉菜单上选择"插入"→"视图"→"局部剖视图"选项，或者在"图纸"工具条中单击"局部剖视图"按钮，系统弹出"局部剖"对话框。

② 移动光标选中要建立局部剖视图的父视图后单击鼠标左键确定（在绘图区中选取已建立局部剖视边界的视图作为父视图）。

③ 选取视图后，"指定基点"按钮被激活。移动光标选取局部剖视图的剖切位置（不可选在上一步已选取的视图），单击鼠标左键确定。

④ 剖切位置确定后，"指出拉伸矢量"按钮被激活。接受显示默认的投影方向；单击"选择曲线"按钮，"选择曲线"按钮被激活。

⑤ 移动光标在局部剖视图的视图内选取已建立的边界曲线，单击鼠标左键确定。单击对话框的"应用"按钮，完成局部剖视图建立。

提示：
　创建局部剖视图之前，首先在视图内创建曲线作为局部剖视图的边界线，步骤如下。
　a. 移动光标选定要建立局部剖视图单击鼠标左键，然后单击鼠标右键，弹出如图2.1.49（a）所示的对话框，选择"扩展成员视图"选项，出现如图2.1.49（b）所示的页面。
　b. 在下拉菜单上选择"插入"→"曲线"→"样条"选项，或者在"草图工具"工具条中单击"样条"按钮，系统弹出"样条"对话框；选择"通过点"选项，弹出"通过点生成样条"对话框，曲线阶次按系统默认选项"3"，选择"封闭曲线"选项，单击"确定"按钮，弹出"样条"对话框；选择"点构造器"选项，弹出"点"对话框，按系统默认选项在要建立局部剖视的部位建立一系列如图2.1.50所示的构造点。

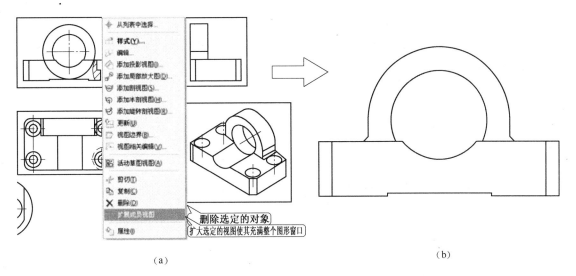

(a)
(b)

删除选定的对象
扩大选定的视图使其充满整个图形窗口

图 2.1.49　进入"扩展成员视图"

c. 单击"确定"按钮,弹出"指定点"对话框,选择"是"选项,弹出"通过点生成样条"对话框,单击"确定",生成如图 2.1.51 所示的曲线。

d. 单击鼠标右键,在弹出的对话框,选择"扩展"选项,系统恢复正常页面,完成局部剖视图的边界线的建立。

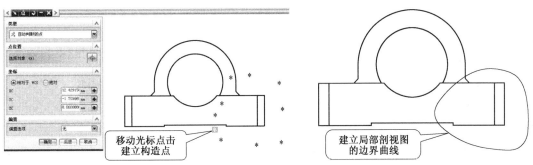

移动光标点击
建立构造点

建立局部剖视图
的边界曲线

图 2.1.50　建立"构造点"　　　　图 2.1.51　建立"边界曲线"

(9) 添加主视图中轴承孔的中心线,如图 2.1.52 所示。

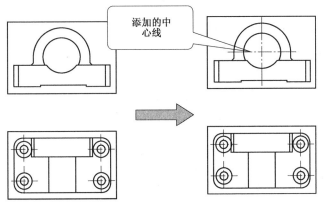

添加的中
心线

图 2.1.52　添加孔中心线

① 在下拉菜单上选择"插入"→"中心线"→"中心标记"选项,或者在"中心线"工具条中

单击"中心标记"按钮 ⊕ ,系统弹出"中心标记"对话框。

② 移动光标选中要添加的轴承孔后单击鼠标左键确定,单击对话框的"确定"按钮,完成中心线的建立。

2. 轴承座二维工程图的标注

1)尺寸标注

尺寸标注前,首先点击系统菜单条的"首选项"→"注释"选项,系统弹出"注释首选项"对话框,可以对标注尺寸的式样、字体格式以及尺寸单位进行个性化设置,如图 2.1.53 所示。

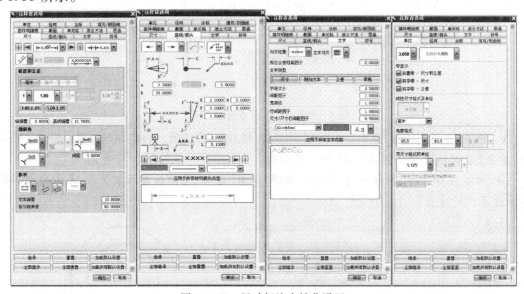

图 2.1.53　尺寸标注个性化设置

(1)水平尺寸标注。

选择"插入"→"尺寸"子菜单下的"自动判断"或"水平"选项,也可以在"尺寸"工具栏中单击按钮 ⊞ 或 ⊞ ,系统弹出"自动判断的尺寸"或"水平尺寸"对话框,都可以对工程图进行水平尺寸标注,如图 2.1.54 所示。

(2)竖直尺寸标注。

选择"插入"→"尺寸"子菜单下的"自动判断"或"竖直"选项,也可以在"尺寸"工具栏中单击按钮 ⊞ 或 ⊞ ,系统弹出"自动判断的尺寸"或"竖直尺寸"对话框,都可以对工程图进行竖直尺寸标注,如图 2.1.55 所示。

(3)直径尺寸及公差值标注。

选择"插入"→"尺寸"子菜单下的"自动判断"或"直径"选项,也可以在"尺寸"工具栏中单击按钮 ⊞ 或 ⊞ ,系统弹出"自动判断的尺寸"或"直径尺寸标注"对话框,都可以对工程图进行直径尺寸标注,如图 2.1.56 所示。

(4)半径尺寸标注。

选择"插入"→"尺寸"子菜单下的"自动判断"或"半径"选项,也可以在"尺寸"工具栏中单击按钮 ⊞ 或 ⊞ ,系统弹出"自动判断的尺寸"或"半径尺寸"对话框,都可以对工程图进行半径尺寸标注,如图 2.1.57 所示。

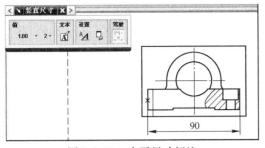

图 2.1.54 水平尺寸标注

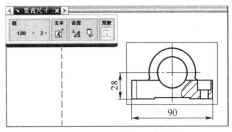

图 2.1.55 竖直尺寸标注

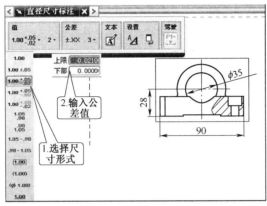

图 2.1.56 直径尺寸及公差标注

（5）圆柱形直径尺寸标注。

选择"插入"→"尺寸"子菜单下的"自动判断"或"圆柱形"选项,也可以在"尺寸"工具栏中单击按钮 或 ,系统弹出"自动判断的尺寸"或"圆柱尺寸"对话框,都可以对工程图进行直径尺寸标注,如图 2.1.58 所示。

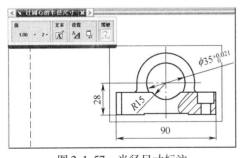

图 2.1.57 半径尺寸标注

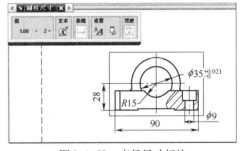

图 2.1.58 直径尺寸标注

2）形位公差标注

（1）基准标注。

选择"插入"→"基准特征符号"选项,或在"注释"工具栏中单击按钮 ,系统弹出"基准特征符号"对话框,光标选定所需的特征表明进行基准符号标注,如图 2.1.59 所示。

（2）形位公差参数标注。

选择"插入"→"特征控制框"选项,或在"注释"工具栏中单击按钮 ,系统弹出"特征控制框"对话框,在对话框内选择要标注的形位公差项目,输入公差值,光标选定所要的标注表明,如图 2.1.60 所示。

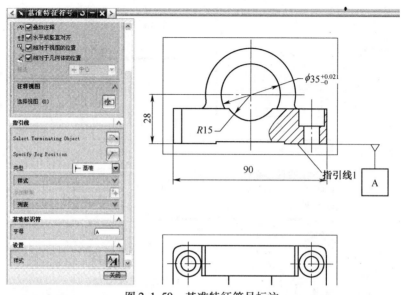

图 2.1.59　基准特征符号标注

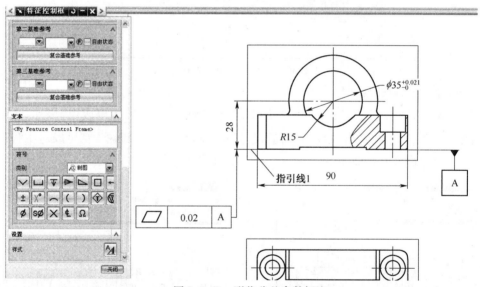

图 2.1.60　形位公差参数标注

3）表面粗糙度标注

选择"插入"→"符号"→"表面粗糙度符号"选项，系统弹出"表面粗糙度符号"对话框，在对话框内选择要标注的表面粗糙度符号类型 √，选择表面粗糙度符号类型的单位是"微米"，选择表面粗糙度符号的方位，光标选定所要标注表面，如图 2.1.61 所示。

4）文本注释标注

选择"插入"→"注释"选项，或在"注释"工具栏中单击按钮 A，系统弹出"注释"对话框，在对话框内的"文本输入"栏内输入要标注的文字，依次选定文本的字体、大小，光标选定文本注释放置的位置并单击鼠标左键确定，如图 2.1.62 所示。

5）插入标注图框

一般来说，是在 UG 中已经画好了图（A3 或……），在出图前插入图框。也有为了布局方

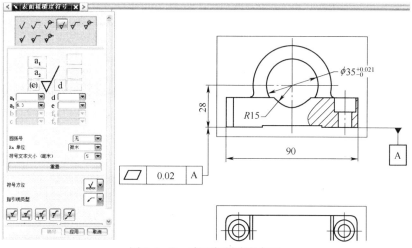

图 2.1.61　表面粗糙度的标注

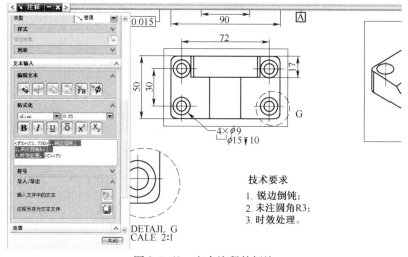

图 2.1.62　文本注释的标注

便,先插入图框。

先将工作图层设置为 110 层,选择"格式"→"图样"选项,系统弹出"图样"对话框,在"图样"对话框内选择"调用图样"选项,系统弹出"调用图样"对话框,选择"确定"按钮,然后进入文件夹选用之前已经建立的图框文件,选择"确定"按钮,系统弹出"点"对话框,点坐标选择"绝对"(0,0,0),单击"确定"按钮完成标准图框调用,如图 2.1.63 所示。

标准图框各个栏目的填写按文本注释的步骤进行,如图 2.1.64 所示。

2.1.4　拓展训练

为了节省空间,UG 图纸里的图框(含标题栏)均为 Pattern(图样)文件。Pattern,类似 AutoCAD 里的"块 Block",作为一个整体操作,也可以"Expand 打散"。可类似 AutoCAD,创建 A0,A1,A2,A3,A4 五个图框,可含标题栏。将各个 Pattern(图样)文件存放在固定的文件夹内随时调用,下面进行零件图 A3 标准图框的创建。

(1) 建立一个新的 UG part 文件,文件名为"format_A3_part. prt"。

(2) 将工作图层设置为 61 层,建立 3 个基准平面。

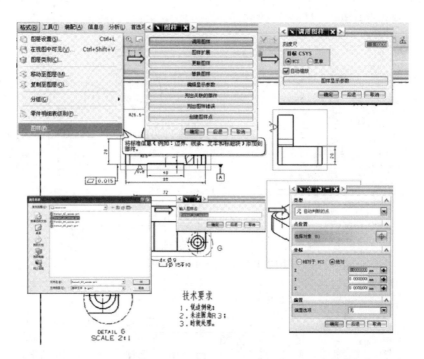

图 2.1.63　标准图框调用步骤

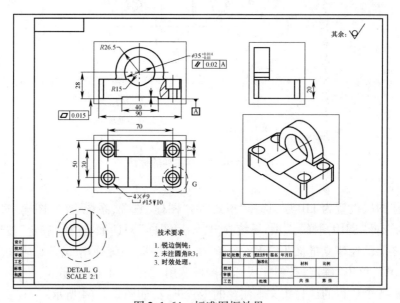

图 2.1.64　标准图框效果

（3）将工作图层设置为 41 层,屏幕显示调整为 X – Y 平面。采用"曲线"方法,按图框边框大小分别画出直线成为 420 × 297 的外边框线。同时,将直线的宽度设置为"细线宽度",如图 2.1.65 所示。

（4）采用同样方法画出图框的内边框线,直线的宽度设置为"正常宽度"（也可以采用偏置外边框线然后修剪曲线的方法画出内边框线）。

（5）按照零件图的标题栏格式,画出标题栏各个线段,直线的宽度按机械制图国家标准设置,如图 2.1.66 所示。

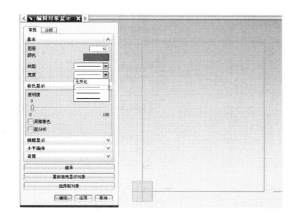

图 2.1.65　建立标准图框外边框线

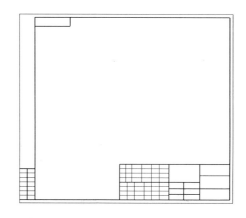

图 2.1.66　建立标准图框

（6）将工作图层设置为 42 层,采用创建文本方式建立标题栏内各个项目名称。

① 选择"插入"→"曲线"→"文本"选项,或在"曲线"工具栏中单击按钮 **A**,系统弹出"文本"对话框。

② 在对话框内选择、设置字体、字号大小、高宽比例及放置位置等,依次完成标题栏内各个项目名称,如图 2.1.67、图 2.1.68 所示。

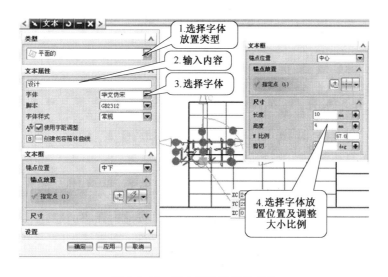

图 2.1.67　建立标准栏项目名称

（7）选择"文件"→"选项"→"保存选项"选项,系统弹出"保存选项"对话框,"保存图样数据"选择"仅图样数据"选项,完成 Patten（图样）文件的保存设置,如图 2.1.69 所示。

（8）选择"文件"→"保存"选项,将以上创建的标准图框保存到可访问的目录,方便以后调用。

按以上方法可以生成各种标准图框。

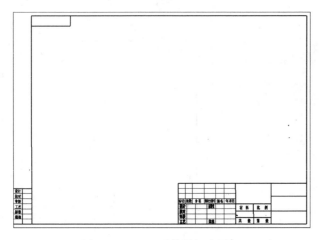

图 2.1.68　A3 零件图标准图框　　　　　　　图 2.1.69　图样数据保存设置

任务 2.2　编辑工程图

知识目标	能力目标	建议学时
（1）掌握工程图视图的编辑方法； （2）掌握工程图标注尺寸的编辑方法； （3）掌握工程图文本注释的编辑方法。	（1）能进行工程图视图的移动、式样、显示和更新； （2）能进行各种类型标注尺寸的式样修改； （3）能进行形位公差及文本注释等内容的修改。	8

2.2.1　任务导入

利用已完成的轴承座二维工程图进行编辑修改，如图 2.2.1 所示。

2.2.2　知识链接

在向工程图添加视图的过程中，如果发现原来设置的工程图参数不合要求（如图幅、比例不适当），可以对已有的工程图有关参数进行修改。可按前面介绍的建立工程图的方法，在对话框中修改已有工程图的名称、尺寸、比例和单位等参数。完成修改后，系统会以更改后的参数来显示工程图。其中投影角度参数只能在没有产生投影视图的情况下被修改。

1. 创建编辑工程图

1）移动/复制工程图

在 UG NX 中，工程图中任何视图的位置都是可以改变的，其中移动和复制视图操作都可以改变视图在图形窗口中的位置。两者的不同之处是：前者是将原视图直接移动到指定的位置，后者是在原视图的基础上新建一个副本，并将该副本移动到指定的位置。

要移动和复制视图，选择"编辑"→"视图"→"移动/复制视图"选项，或在"图纸"工具栏中单击"移动/复制视图"按钮 ，打开"移动/复制视图"对话框，如图 2.2.2 所示。

该对话框中主要选项的功能及含义如下。

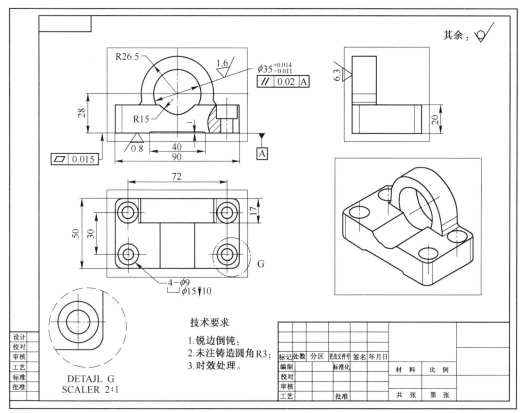

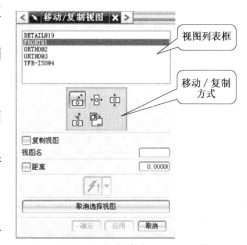

图 2.2.1 轴承座工程图

① 视图列表框:用于显示和选择当前绘图区中的视图。

② 复制视图:该复选框用于选择移动或复制视图。

③ 视图名:该文本框用于编辑视图的名称。

④ 距离:该文本框用于设置移动或复制视图的距离。

⑤ 取消选择视图:该选项用于取消已经选择的视图。

⑥ 至一点 🔳:选取要移动或复制的视图后,单击"至一点"按钮 🔳,该视图的一个虚拟边框将随着鼠标的移动而移动,当移动至合适位置后单击鼠标左键,即可将视图移动或复制到该位置。

图 2.2.2 "移动/复制视图"对话框

⑦ 水平 🔳:选取了需要移动(或复制)的视图后,单击"水平"按钮 🔳,此时系统将沿水平方向移动(或复制)该视图。

⑧ 垂直 🔳:选取了需要移动(或复制)的视图后,单击"垂直"按钮 🔳,此时系统将沿竖直方向移动(或复制)该视图。

⑨ 垂直于直线 🔳:选取了需要移动(或复制)的视图后,单击"垂直于直线"按钮 🔳,此时

系统将沿垂直于一条直线的方向移动(或复制)该视图。

⑩ 至另一图纸 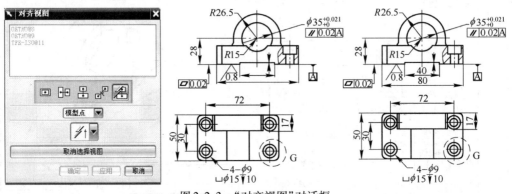:选取了需要移动(或复制)的视图后,单击"至另一图纸"按钮,此时系统将在另一张图纸的相同位置移动(或复制)该视图。

2) 对齐视图

在 UG NX 中,对齐视图是指选择一个视图作为参照,使其他视图以参照视图进行水平或竖直方向对齐。选择"编辑"→"视图"→"对齐视图"选项,或在"图纸"工具栏中单击"对齐视图"按钮,打开"对齐视图"对话框,如图 2.2.3 所示。

图 2.2.3 "对齐视图"对话框

该对话框中包含了视图的对齐方式和对齐基准选项,各选项的功能及含义如下。

(1) 对齐方式。

① 叠加:选取要对齐的视图,单击"叠加"按钮,系统将以所选视图中的第一视图的基准点为基点,对所有视图做重合对齐。

② 水平:选取要对齐的视图后,单击"水平"按钮,系统将以所选视图的第一视图的基准点为基点,对所有的视图做水平对齐。

③ 竖直:选取要对齐的视图后,单击"竖直"按钮,系统将以所选视图的第一视图的基准点为基点,对所有的视图做竖直对齐。

④ 垂直于直线:选取要对齐的视图,单击"垂直于直线"按钮,然后在视图中选取一条直线作为视图对齐的参照线。此时其他所有的视图将以参照视图的垂线为对齐从准进行对齐操作。

⑤ 自动判断:单击该按钮,系统将根据选择的基准点不同,用自动判断的方式对齐视图。

(2) 对齐基准选项。

对齐基准选项用于设置对齐时的基准点。基准点是视图对齐时的参考点,共包括以下3种对齐基准的方式。其中"模型点"选项用于选取模型中的一点作为基准点进行对齐;"视图中心"选项用于所选取的视图中心点作为基准点;"点到点"选项要求用户在各对齐视图中分别指定基准点,然后按照指定的点进行对齐。

3) 编辑视图样式

编辑视图样式主要是针对线、面及视图中的基本属性进行编辑。选择"编辑"→"样式"选项,或在"编辑图纸"工具栏中单击"编辑式样"按钮,或在视图边框中单击鼠标右键,然后在弹出的快捷菜单中选择"样式"命令,打开"类选择"对话框,在程序提示下单击任一视图边框,弹出"视图样式"对话框,对话框中包括方向、透视、基本、继承 PMI 选项等,单击其中的任何一选项卡将自动切换至该选项卡的编辑界面,如图 2.2.4 所示。

图 2.2.4 "视图样式"对话框

"视图样式"对话框各选项卡说明如下。

① 常规:可以对模型投影时的状态、模型公差、角度以及比例等进行设置。

② 隐藏线:设置隐藏线在视图中的线性,如线条的粗细、线特征的投影状态等。

③ 可见线:对可见线的颜色及线性进行设置。

④ 光顺线:设置视图中圆弧处的投影状态,以及投影线的颜色。

⑤ 虚拟交线:对可能出现的交线进行颜色及线性的设置。

⑥ 追踪线:可以设置可见线或隐藏线的颜色及线型。

⑦ 截面:对截面投影的相关参数进行设置。

⑧ 着色:设置相关的面或线的颜色,以及可以对渲染样式、着色公差等进行选择。

⑨ 螺纹:可以选择螺纹的标准,以及设置螺纹的最小螺距。

⑩ 方向:可以对视图的投影方向与平面进行设置。

⑪ 透视:设置视图的透视度。

⑫ 基本:对部件进行加载,用于创建工程图。

⑬ 继承 PMI:可以对 PMI 类型进行设置。

4)编辑剖切线

编辑剖切线是用来编辑剖切线的式样的。选择"编辑"→"视图"→"剖切线"选项,或在"制图编辑"工具栏中单击"编辑剖切线"按钮,即可打开"剖切线"对话框。在对话框中可以对箭头尺寸、延长线尺寸和剖切线显示参数等进行设置,选择列表框中的剖视图名称(或直接单击工作窗口中的剖视图边框),"剖切线"对话框将被激活,如图 2.2.5 所示。

"剖切线"对话框中的各项参数说明如下。

① 列表框:显示工作窗口中的剖视图名称。

② 添加段:对剖切线进行适当的添加,使剖视图的表达更加完整,同时对话框中的点构造器将会被激活。

③ 删除段:对视图中多余的剖切线进行删除处理。

④ 移动段:通过移动定义参照点的位置来移动端点附近的曲线。

⑤ 移动旋转点：对剖切线的定义点进行调整。

⑥ 重新定义铰链线：对话框中的矢量选项将会被激活，然后可以对剖切线的矢量方向进行定义。

⑦ 重新定义剖切矢量：对视图的剖切矢量进行重新定义。

⑧ 切削角：在右侧文本框中输入数值，可以对视图的切削角进行定义。

⑨ 点构造器：选择"添加段"选项时，将被激活，然后可以对需添加的剖切线进行点的定义。

⑩ 矢量选项：被激活后可以定义剖切线的矢量方向，以及单击"矢量反向"按钮可以改变矢量方向。

⑪ 关联铰链线：选中该选项后，铰链线之间将存在关联性。

⑫ "重置"按钮：取消进行的相关操作，返回剖切线定义前的状态。

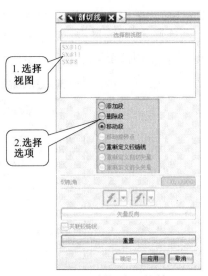

图 2.2.5 "剖切线"对话框

要编辑剖切线，打开"剖切线"对话框后，在工作区中选择要编辑的剖切线，然后在对话框中选择要编辑的选项即可，如图 2.2.6 所示。

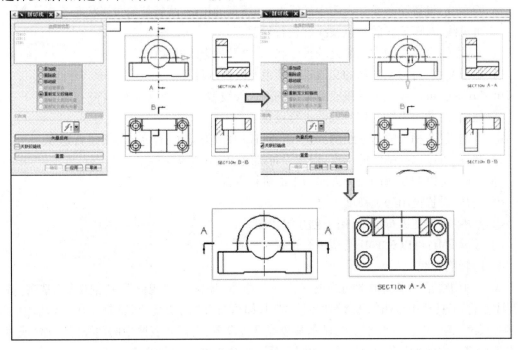

图 2.2.6 编辑剖切线

5）视图相关编辑

视图相关编辑是对视图中图形对象的显示进行编辑，同时不影响其他视图中同一对象的显示。与上述介绍的有关视图操作相类似。不同之处是：有关视图操作是对工程图的宏观操作，而视图相关编辑是对工程图做更为详细的编辑。

选择"编辑"→"视图"→"视图相关编辑"选项，或在"制图编辑"工具栏中单击"视图相关编辑"按钮 ，打开"视图相关编辑"对话框，如图 2.2.7
所示。

该对话框中主要选项和按钮的含义如下。

（1）添加编辑。

① 擦除对象 。

该按钮用于擦除视图中选择的对象。选择视图对象时
该按钮才会被激活。可在视图中选择要擦除的对象，完成
对象选择后，系统会擦除所选对象。擦除对象不同于删除
操作擦除操作仅仅是将所选取的对象隐藏起来不进行显
示，如图 2.2.8 所示。

> 提示：
> 利用该按钮进行擦除视图对象时，无法擦除有尺寸标
> 注和与尺寸标注相关的视图对象。

② 编辑完全对象 。

该按钮用于编辑视图或工程图中所选整个对象的显示
方式，编辑的内容包括颜色、线型和线宽。单击该按钮，可

图 2.2.7 "视图相关编辑"对话框

在"线框编辑"面板中设置颜色、线型和线宽等参数，设置完成后，单击"应用"按钮。然后在视
图中选取需要编辑的对象，最后单击"确定"按钮即可完成对图形对象的编辑，如图 2.2.9
所示。

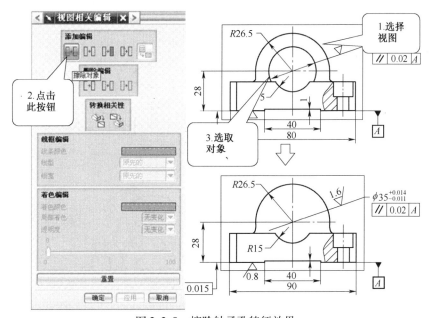

图 2.2.8 擦除轴承孔特征效果

③ 编辑着色对象 。

该按钮用于编辑视图中某一部分的显示方式。单击该按钮后，可在视图中选取需要编辑
的对象，然后在"着色编辑"选项组中设置颜色、局部着色和透明度，设置完成后单击"应用"按

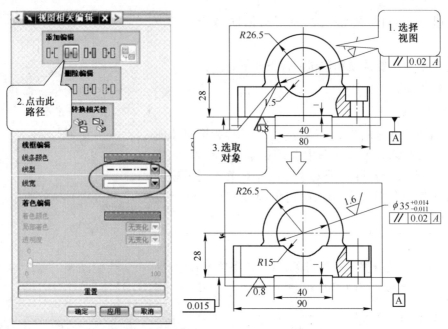

图 2.2.9 将轴承孔实线显示为双点划线效果

钮即可。

④ 编辑对象段 ◐。

该按钮用于编辑视图中所选对象的某个片断的显示方式。单击该按钮后,可先在"线框编辑"面板中设置对象的颜色、线型和线宽选项,设置完成后根据系统提示单击"确定"按钮即可,如图 2.2.10 所示。

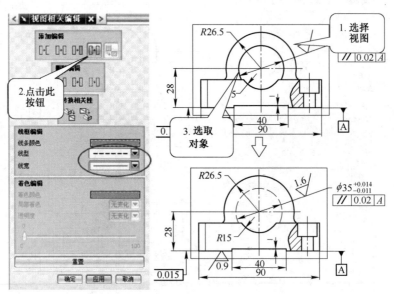

图 2.2.10 将轴承孔实线显示为虚线效果

⑤ 编辑剖视图的背景 🔲。

该按钮用于编辑剖视图的背景。单击该按钮,并选取要编辑的剖视图,然后在打开的"类选择"对话框中单击"确定"按钮,即可完成剖视图的背景的编辑,效果如图 2.2.11 所示。

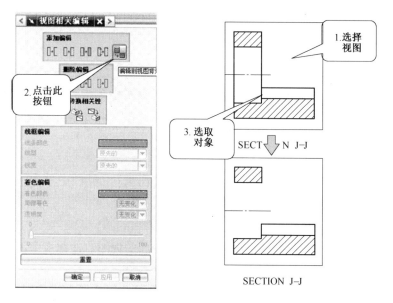

图 2.2.11　剖视图编辑成为断面图

（2）删除编辑。

① 删除选择的擦除 ⊡。

该按钮用于删除前面所进行的擦除操作,使删除的对象重新显示出来。单击该按钮时,将打开"类选择"对话框,此时已擦除的对象会在视图中加亮显示,然后选取编辑的对象,此时所选对象将会以原来的颜色、线型和线宽在视图中显示出来。

② 删除选择的修改 ⊡。

该按钮用于删除所选视图进行的某些修改操作,使编辑的对象回到原来的显示状态。单击该按钮,将打开"类选择"对话框,此时已编辑的对象会在视图中加亮显示,然后选取编辑的对象,此时所选对象将会以原来的颜色、线型和线宽在视图中显示出来。

③ 删除所有修改 ⊡。

该按钮用于删除所选视图先前进行的所有编辑。所有编辑过的对象全部回到原来的显示状态。单击该按钮,打开"删除所有修改"对话框。然后确定是否要删除所有的编辑操作即可。

（3）转换相关性。

① 模型转换到视图 🔲。

该按钮用于转换模型中存在的单独对象到视图中。单击该按钮,然后根据打开的"类选择"对话框选取要转换的对象,此时所选对象会转换到视图中。

② 视图转换到模型 🔲。

该按钮用于转换视图中存在的单独对象到模型中。单击该按钮,然后根据打开的"类选择"对话框选取要转换的对象,则所选对象会转换到模型中。

6）视图的显示和更新

在创建工程图的过程中,当需要工程图和实体模型之间切换,或者需要去掉不必要的显示部分时,可以应用视图的显示和更新操作。所有的视图被更新后将不会有高亮的视图边界。反之,未更新的视图会有高亮的视图边界。

提示：
　手工定义的边界只能用手工方式更新。

（1）视图的显示。

选择"视图"→"显示图纸页"选项，或在"图纸"工具栏中单击"显示图纸页"按钮 ，系统将自动在建模环境和工程图环境之间进行切换，以方便实体模型和工程图之间的对比观察等操作。

（2）视图的更新。

选择"编辑"→"视图"→"更新视图"选项，或在"图纸"工具栏中单击"更新视图"按钮 ，将打开"更新视图"对话框，如图 2.2.12 所示。

该对话框中各选项的含义及功能如下。

① 选择视图：单击该按钮，可以在图纸中选取要更新的视图。选择视图的方式有多种，可在视图列表框中选择，也可在绘图区中用鼠标直接选取视图。

② 显示图纸中的所有视图：该复选框用于控制视图列表框中所列出的视图种类。启用该复选框时，列表框中将列出所有的视图。若禁用该复选框，将不显示过时视图，需要手动选择需要更新的过时视图。

③ 选择所有过时视图：该按钮用于选择工程图中所有过时的视图。

④ 选择所有过时自动更新视图：该按钮用于自动选择工程图中所有过时的视图。

提示：
　过时视图是指由于实体模型的改变或更新而需要更新的视图。如果不进行更新，将不能反映实体模型的最新状态。

7）定义视图边界

定义视图边界是将视图以所定义的矩形线框或封闭曲线为界限进行显示的操作。在创建工程图的过程中，经常会遇到定义视图边界的情况，例如，在创建局部剖视图的局部剖边界曲线时，需要将视图边界进行放大操作等。

选择"编辑"→"视图"→"视图边界"选项，或在"图示"工具栏中单击"视图边界"按钮 ，将打开"视图边界"对话框，如图 2.2.13 所示。

图 2.2.12　"更新视图"对话框

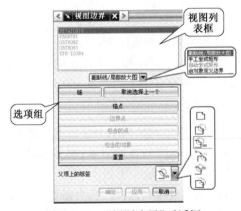

图 2.2.13　"视图边界"对话框

该对话框中主要选项的含义及操作方法如下。

（1）视图列表框：该列表框用于设置要定义边界的视图。在进行定义视图边界操作之前，用户先要选择所需的视图。选择视图的方法有两种：一种是在视图列表框中选择视图，另一种是直接在工作区中选择视图。当视图选择错误时，还可以利用"重置"选项重新选择视图。

（2）视图边界类型。

① 断截线/局部放大图

该选项适用于用断开线或局部视图边界线来设置任意形状的视图边界。该选项仅仅显示出被定义的边界曲线围绕的视图部分。选择该选项后，系统提示选择边界线，可用鼠标在视图中选取已定义的断开线或局部视图边界线。

② 手工生成矩形。

该选项用于在定义矩形边界时，在选择的视图中按住鼠标左键并拖动鼠标可生成矩形边界，该边界也可随模型更改而自动调整视图的边界，如图 2.2.14 所示。

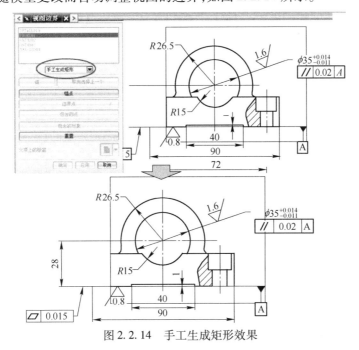

图 2.2.14　手工生成矩形效果

③ 自动生成矩形。

选择该选项，系统将自动定义一个矩形边界，该边界可随模型的更改而自动调整视图的矩形边界。

④ 由对象定义边界。

该选项是通过选择要包围的对象来定义视图的范围，可在视图中调整视图边界来包围所选择的对象。选择该选项后，系统提示选择要包围的对象，可利用"包含的点"或"包含的对象"选项在视图中选择要包围的点或线，如图 2.2.15 所示。

（3）选项组。

① 链。

该选项用于选择链接曲线。选择该选项，系统可按照顺或逆时针方向选取曲线的开始端和结束端。此时系统会自动完成整条链接曲线的选取。该选项仅在选择了"截断线、局部放大图"时才被激活。

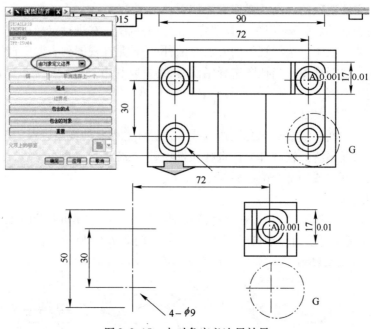

图2.2.15　由对象定义边界效果

② 取消选择上一个。

该选项用于取消前一次所选择的曲线。该选项仅在选择了"截断线/局部放大图"时才被激活。

③ 锚点。

锚点是将视图边界固定在视图中指定对象的相关联的点上,使边界随指定点的位置变化而变化。若没有指定锚点,模型修改时,视图边界中的部分图形对象可能发生位置变化,使视图边界中所显示的内容不是希望的内容。反之,若指定与视图对象关联的固定点,当模型修改时,即使产生了位置变化,视图边界也会跟着指定点进行移动。

④ 边界点。

该选项用于指定点的方式定义视图的边界范围。该选项仅在选择"截断线/局部放大图"时才会被激活。

⑤ 包含的点。

该选项用于选择视图边界要包围的点。该选项仅在选择"截断线/局部放大图"时才会被激活。

⑥ 包含的对象。

该选项用于选择视图边界要包围的对象。该选项只在选择"由对象定义边界"时才会被激活。

⑦ 重置。

该选项用于放弃所选的视图,以便重新选择其他视图。

（4）父项上的标签。

该列表框用于指定局部放大视图的父视图是否显示环形边界。如果选择该选项,则在其父视图中将显示环形边界,否则将不显示环形边界。该选项仅在选择"截断线/局部放大视图"时才会激活。

① 无。

选择该列表项后,在局部放大图的父视图中将不显示放大部位的边界。

② 圆。

选择该列表项后,父视图中的放大部位无论是什么形状的边界,都将以圆形边界来显示。

③ 注释。

选择该列表项后,在局部放大图的父视图中将同时显示放大部位的边界和标签。

④ 标签。

选择该列表项后,在父视图中将显示放大部位的边界与标签,并利用箭头从标签指向放大部位的边界。

⑤ 内嵌的。

选择该列表项后,在父视图中放大视图部位的边界与标签,并将标识嵌入到放大边界曲线中。

⑥ 边界。

选择该列表项后,在父视图中只能够显示放大部位的原有边界,而不显示放大部位的标签。

2. 编辑设计工程图

1)标注尺寸及公差的编辑修改

(1)尺寸修改。

在 UG NX 工程图中进行标注尺寸就是直接引用三维模型真实的尺寸,具有实际的含义,因此无法像二维软件中的尺寸可以进行改动,如果要改动零件中的某个尺寸参数需要在三维实体中修改。如果三维被模型修改,工程图中的相应尺寸会自动更新,从而保证了工程图与模型的一致性。

如果要修改已存在的标注尺寸时,先要在视图中选择要修改的尺寸,所选择的尺寸会在视图中加亮显示,其相关设置也会显示在如图 2.2.16 所示的对话框中。用户可根据需要,按前面的方法修改其中的内容。如果仅要移动尺寸标识的位置,则应选择"原点(Origin)"选项,再选择尺寸并拖动其到理想的位置。

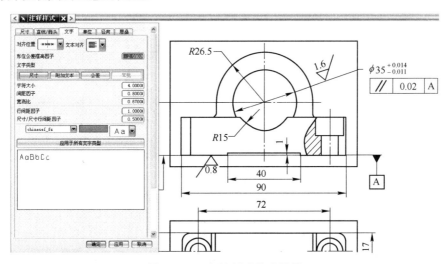

图 2.2.16　标注尺寸修改效果

至于尺寸的数值,由于它直接关联到对象三维模型,一般不应在工程图中进行修改。但如果确实需要修改某些尺寸数值,则要到注释编辑器中选择尺寸文本再进行修改,这样将破坏它们间的一一对应关系。

（2）公差修改。

修改已存在的标注尺寸公差时,先要在视图中选择要修改的尺寸公差,所选择的尺寸公差会在视图中加亮显示,单击鼠标右键,在弹出的对话框中选择"编辑"选项,系统弹出"编辑尺寸"对话框,可以进行公差类型及公差值的修改,如图 2.2.17 所示。

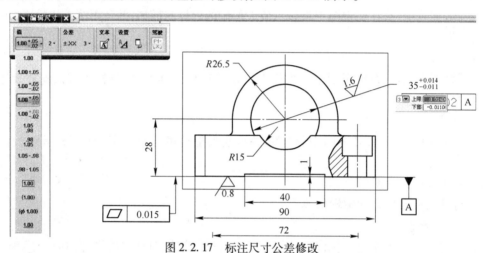

图 2.2.17　标注尺寸公差修改

2）编辑文本

编辑文本是对已经存在的文本进行编辑和修改,通过编辑文本使文本符合注释的要求。

当需要对文本做编辑时,选择"编辑"→"注释"→"文本"选项,或在"制图编辑"工具栏中单击"编辑文本"按钮 ，打开"文本"对话框,如图 2.2.18 所示。此时,若单击该对话框中的"编辑文本"按钮，将打开如图 2.2.19 所示的对话框。

图 2.2.18　"文本"对话框

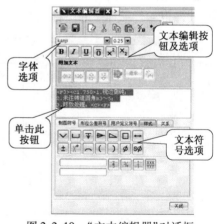

图 2.2.19　"文本编辑器"对话框

"文本编辑器"对话框的"文本编辑"选项组中的各工具,用于文本类型的选择、文本高度的编辑等操作。"编辑文本框"是一个标准的多行文本输入区,使用标准的系统位图字体,用于输入文本和系统规定的控制字符。"文本符号选项卡"中包含了 5 种类型的选项卡,用于编辑文本符号。

3）表面粗糙度的编辑

编辑表面粗糙度是对已经存在的表面粗糙度进行编辑和修改,通过编辑表面粗糙度的数值使表面粗糙度符合设计的要求。

当需要对表面粗糙度做编辑时,与上述编辑文本的方法步骤相同,如图 2.2.20 所示。

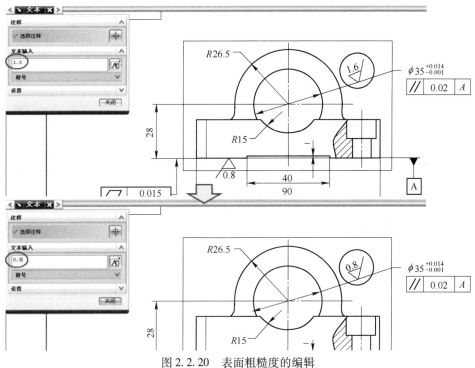

图 2.2.20　表面粗糙度的编辑

4）形位公差的编辑

修改已存在的形位公差时,先要在视图中选择要修改的形位公差,所选择的形位公差会在视图中加亮显示,此时单击鼠标右键,在弹出的对话框中选择"式样"选项,系统弹出"注释式样"对话框,可以进行形位公差标注的箭头类型、数字字体及方框线的编辑修改,如图 2.2.21 所示。

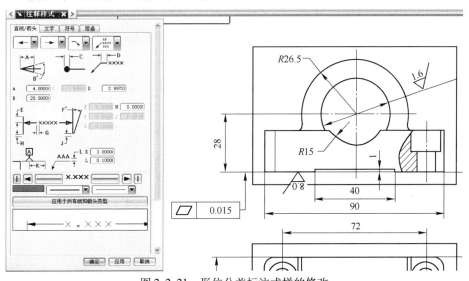

图 2.2.21　形位公差标注式样的修改

若在弹出的对话框中选择"编辑"选项,系统弹出"特征控制框"对话框,可以进行形位公差的项目、公差值及参考基准编辑修改,如图 2.2.22 所示。

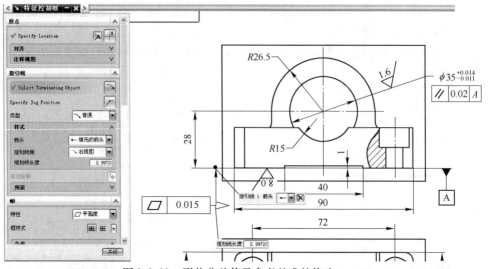

图 2.2.22　形位公差值及参考基准的修改

2.2.3　任务实施

编辑修改轴承座二维工程图,如图 2.2.23 所示。

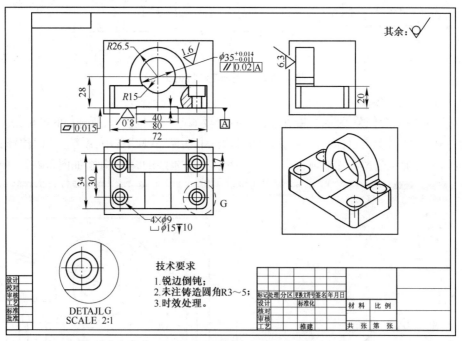

图 2.2.23　轴承座二维工程图

要求:(1) 轴承孔 $\phi35(+0.021/0)$ 改为 $\phi36(+0.014/-0.011)$;

(2) 埋头孔 ⁴⁻ϕ9 $\phi15\overline{\vee}10$ 改为 ⁴ˣϕ9 $\phi15\overline{\vee}10$;

(3) A 面的平面度:0.02 改为 0.015;

(4) 技术要求的 2. 未注铸造圆角 $R3 \sim R5$;改为 2. 未注圆角 $R3$;

修改后的轴承座二维工程图,如图 2.2.24 所示。

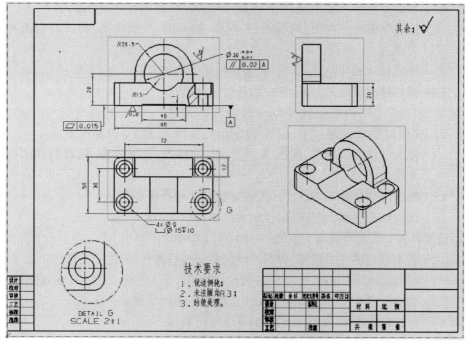

图 2.2.24　修改后的轴承座二维工程图

项目 2　小　结

本项目主要介绍 UG 工程图的一般过程、标注方法、视图的编辑、尺寸的标注与编辑以及文本注释的编辑方法,通过本项目学习能够创建复杂实体的工程图表达方案,并能够进行视图及标注编辑。

习　题

1. 完成零件图 A3、A4 标准图框的创建。

要求:创建的标准图框保存到可访问的目录,方便以后调用。

2. 创建文件夹 2.2.1 内底板(Base Plate)的工程图。

要求:(1)根据零件的三维造型,设置图纸规格、比例、名称、单位和投影角;

　　　(2)添加零件的主视图、俯视图、轴测图、局部放大图和局部剖视图;

　　　(3)标注尺寸和公差、形位公差、表面粗糙度和技术要求;

　　　(4)添加标准图框,完成标题栏的各个项目填写。

3. 创建文件夹 2.2.1 内定位销(Locator)的工程图。

要求:(1)根据零件的三维造型,设置图纸规格、比例、名称、单位和投影角;

　　　(2)添加零件的主视图、左视图、轴测图、局部放大图;

　　　(3)标注尺寸和公差、形位公差、表面粗糙度和技术要求;

　　　(4)添加标准图框,完成标题栏的各个项目填写。

4. 创建文件夹 2.2.1 内定位块(Block)的工程图。

要求:(1)根据零件的三维造型,设置图纸规格、比例、名称、单位和投影角;

     (2)添加零件的主视图、俯视图、左视图、轴测图、全剖视图、局部剖视图和局部放大图;

     (3)标注尺寸和公差、形位公差、表面粗糙度和技术要求;

     (4)添加标准图框,完成标题栏的各个项目填写。

5. 创建文件夹 2.2.1 内法兰盘(Flange Plate)的工程图。

要求:(1)根据零件的三维造型,设置图纸规格、比例、名称、单位和投影角;

     (2)添加零件的主视图、俯视图、左视图、轴测图、全剖视图、局部剖视图和局部放大图;

     (3)标注尺寸和公差、形位公差、表面粗糙度和技术要求;

     (4)添加标准图框,完成标题栏的各个项目填写。

6. 创建文件夹 2.2.1 内螺母支承座(Stand)的工程图。

要求:(1)根据零件的三维造型,设置图纸规格、比例、名称、单位和投影角;

     (2)添加零件的主视图、俯视图、左视图、轴测图、全剖视图、局部剖视图和局部放大图;

     (3)标注尺寸和公差、形位公差、表面粗糙度和技术要求;

     (4)添加标准图框,完成标题栏的各个项目填写。

7. 创建文件夹 2.2.1 内工作台(Table)的工程图。

要求:(1)根据零件的三维造型,设置图纸规格、比例、名称、单位和投影角;

     (2)添加零件的主视图、俯视图、左视图、轴测图、全剖视图、局部剖视图和局部放大图;

     (3)标注尺寸和公差、形位公差、表面粗糙度和技术要求;

     (4)添加标准图框,完成标题栏的各个项目填写。

8. 创建文件夹 2.2.1 内底座(Base)的工程图。

要求:(1)根据零件的三维造型,设置图纸规格、比例、名称、单位和投影角;

     (2)添加零件的主视图、俯视图、左视图、轴测图、全剖视图、局部剖视图和局部放大图;

     (3)标注尺寸和公差、形位公差、表面粗糙度和技术要求;

     (4)添加标准图框,完成标题栏的各个项目填写。

9. 创建文件夹 2.2.1 内机座(Frame)的工程图。

要求:(1)根据零件的三维造型,设置图纸规格、比例、名称、单位和投影角;

     (2)添加零件的主视图、俯视图、左视图、轴测图、全剖视图、局部剖视图和局部放大图;

     (3)标注尺寸和公差、形位公差、表面粗糙度和技术要求;

     (4)添加标准图框,完成标题栏的各个项目填写。

10. 修改文件夹 2.2.1 内底板(Base Plate)的工程图。

要求:(1)修改零件的主视图、俯视图、轴测图、局部放大图和局部剖视图;

     (2)编辑修改标注尺寸和公差、形位公差、表面粗糙度和技术要求。

11. 修改文件夹 2.2.1 内定位销(Locator)的工程图。

要求:(1)修改零件的主视图、左视图、轴测图、局部放大图;

     (2)编辑修改标注尺寸和公差、形位公差、表面粗糙度和技术要求。

项目 3   装 配 设 计

装配设计模块是 UG NX6.0 中集成的一个重要应用模块,也是用户进行产品设计的最终应用环节之一。用户使用该模块不仅可以对产品的各个零部件进行装配操作,得到完整的产品装配模型,并形成电子化的装配数据信息。还可以对整个装配体执行爆炸操作,从而可以更加清晰地显示产品内部结构及部件的装配顺序。除此之外,用户也可以借助该模块对装配模型进行间隙分析和重量管理等操作。

通过本项目的训练,用户将掌握装配的常用操作,如装配定位、爆炸图操作、引用集、组建阵列、镜像组建、WAVE 几何链接器等技巧。

任 务 3.1   简 单 装 配

知 识 目 标	能 力 目 标	建议学时
(1) 了解 UG 装配模块的相关基础知识; (2) 理解 UG 虚拟装配的一般思路,掌握自底向上的装配方法; (3) 掌握自底向上装配中组件的添加方法以及装配约束。	能运用建模及装配功能完成脚轮和阀门各零件的实体造型并装配。	8

3.1.1   任务导入

根据图 3.1.1 提供的脚轮零件图与装配图,在完成零件建模后进行正确装配。

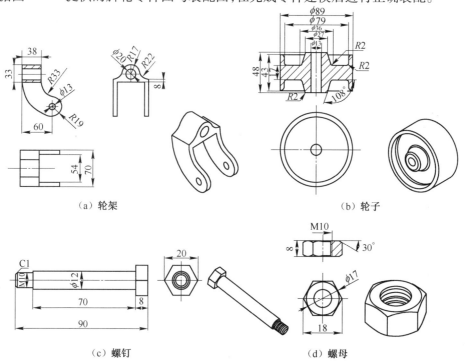

(a) 轮架   (b) 轮子

(c) 螺钉   (d) 螺母

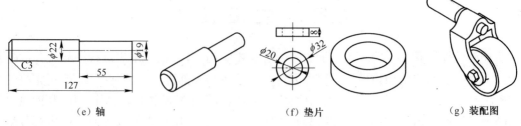

（e）轴　　　　　　　　　　（f）垫片　　　　　　　　（g）装配图

图 3.1.1　脚轮装配

3.1.2　知识链接

1. 装配方法与条件

1）装配的基础知识

（1）装配的概念。

UG NX6.0 的装配就是在装配的各个部件之间建立配对关系,并且通过配对关系在部件之间建立约束关系,从而确定部件在装配体中的准确位置。

用户对部件进行装配的过程就是在装配环境中建立部件之间的配对关系,它是通过配对条件在部件间建立约束关系来确定部件在产品中的位置。在装配操作中,部件的几何体是被引用到装配环境中,而不是被复制到装配环境中。不管如何编辑部件和在何处编辑部件,整个装配部件保持关联性。如果某部件被修改,则引用它的装配部件自动更新,以反映部件的最新变化,如图 3.1.2 所示装配与组件关系。

（2）装配结构。

装配建模的过程是建立组件装配关系的过程。装配体直接引用各零件的主要几何体,这个设计系统采用的是树状管理模式,一个装配件内可以包含多个子装配和零件,层次清楚并且易于管理。

（3）装配部件（装配体）。

它是由部件和子装配构成的部件。在 UG NX6.0 中允许向任何一个 . prt 的文件添加部件构成装配,因此任何一个 . prt 文件都可以作为装配部件。当存储一个装配部件文件时,各部件的实际集合数据并不是存储在装配部件中,而是存储在其相应的各个部件（即零件文件）中。

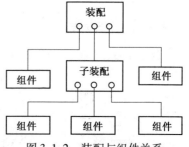

图 3.1.2　装配与组件关系

提示：

　　初学者经常容易犯的一个错误是,在创建好的零件中直接添加组件进行装配。虽然在 UG 中可以这么做,但一般在实际工作中是不被允许的,会给零件的编辑带来困难。

（4）组件。在装配系统中,组件可以指装配进来的零件,也可以指子装配。

（5）子装配。

子装配是在高一级装配中被用作组件的装配,子装配也拥有自己的组件。

（6）单个部件。

单个部件是指在装配体外存在的零件几何模型,它可以添加到一个装配中去,但它不能含有下级组件。

在装配环境中,零部件按所处的状态分为工作部件和显示部件。

（7）工作部件。

工作部件是零部件在装配体中的一种状态,在装配环境中,工作部件只有一个。只有工作部件才能进行编辑修改。当某个部件被定义为工作部件时,其余部件均显示为灰色。当保存文件时,总是保存工作部件。

提示:

　　在装配导航器中选取相应的组件,单击右键,可以使该零件转为工作部件,或者使用"装配"工具条中的按钮 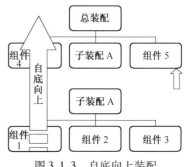 。

（8）显示部件。

显示部件是部件在装配体中的另一种状态,屏幕上能看到的部件都是显示部件,当某个部件被单独定义为显示部件时,在图形窗口中只显示该部件本身。

提示:

　　在装配导航器中选取相应的组件,单击右键,可以使其单独转为显示部件,或者使用"装配"工具条中的按钮 　　。

2）装配方法

UG NX6.0 常用的产品装配方法有自底向上和自顶向下两种。产品设计人员可根据实际情况自行选择并使用这两种装配方法。

（1）自底向上装配,如图 3.1.3 所示。

首先全部设计好装配体中需要的组件,然后通过"添加组件"将组件添加到当前的装配模型中,并设置配对约束,确定各组件在装配体中的相互位置关系。这种装配方法在产品设计中应用较为普遍。

图 3.1.3　自底向上装配

（2）自顶向下装配,如图 3.1.4 所示,是建立一个不包含任何几何对象的空组件再对其进行建模。

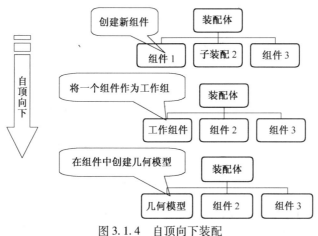

图 3.1.4　自顶向下装配

3）装配环境

（1）装配界面、装配主菜单、工具条。在 UG NX6.0 中创建装配主模型非常简单：用户可在打开软件后，新建 UG 文件或打开已有的装配文件，再通过"起始"→"装配"，调出"装配"工具条，进入装配界面，如图 3.1.5 所示。之后将零件加入到主模型中进行匹配定位即可，几乎所有的装配命令都包含在"装配"工具条和"装配"下拉菜单中，如图 3.1.6 所示"装配"菜单和图 3.1.7 所示"装配"工具条。

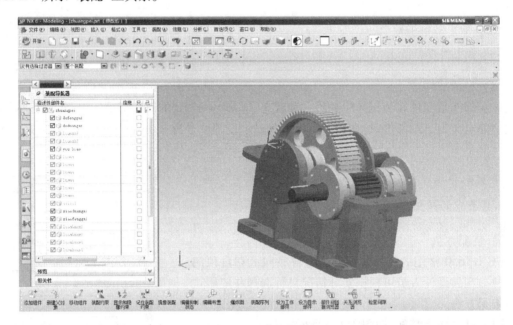

图 3.1.5　装配界面

图 3.1.6　"装配"菜单

图 3.1.7　"装配"工具条

（2）装配导航器。

用户在 UG NX6.0 工作环境左侧的资源导航条中单击 图标，系统便会展开"装配导航器"窗口，如图 3.1.8 所示。"装配导航器"是将部件的装配结构用图形表示，类似于树的结构，每个组件在装配树上显示为一个节点，通过装配导航器能更清楚地表达装配关系，它提供了一种在装配中选择组件和操作组件的简单方法。单击"装配导航器"组件右键，出现选择菜单,如图3.1.9所示,可以选择并改变工作部件、改变显示部件、隐藏与显示组件和替换引用集等。

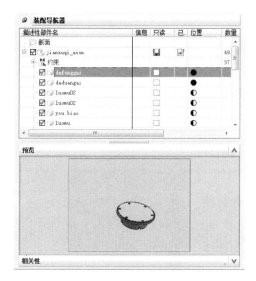

图 3.1.8 "装配导航器"窗口

图 3.1.9 部件选择菜单

"装配导航器"窗口中各图标的含义如下。

① ⊟ 在装配体树形结构展开的情况下,单击减号表示折叠装配或子装配,装配或子装配将被叠成一个节点。

② ⊞ 在装配体树形结构折叠的情况下,单击加号表示展开装配或子装配。

③ ⬡ 图标表示组件。

a. 当图标为黄色时 ⬡ ,表示该组件被完全加载。

b. 当图标为灰色且边缘仍是实线时 ⬡ ,表示该组件被部分加载。

c. 当图标为灰色且边缘线是虚线时 ⬡ ,表示该组件没有被加载。

> 提示:
>
>   完全加载:组件显示在装配体中,并且是工作部件;
>
>   部分加载:组件显示在装配体中,但不是工作部件;
>
>   没有被加载:组件在装配体中不存在,没有被添加。

④ ⬒ 图标表示总的装配体或者子装配。

注意:装配体图标和组件图标类似,也有三种状态,此处不再赘述。

⑤ ☑ 图标表示装配体和组件的显示状态。

a. ☑ 当检查框被选取,且为红色时,表示装配和组件处于显示状态。

b. ☑ 当检查框被选取,且为灰色时,表示装配和组件处于隐藏状态。

c. ☐ 当检查框没有被选取,表示组件或子装配出于关闭状态(即在装配体中没有被加载)。

⑥ ○ 图标表示零件组件的约束状态。

2. 装配操作

1）添加组件

通过依次选择"装配"下拉菜单→"组件"→"添加组件"或通过单击"装配"工具条中的"添加组件"按钮  ，可调用添加组件的命令。此时会弹出如图 3.1.10 所示的对话框，该对话框由多个面板构成，主要用于选择已创建的部件模型，设置定位方式等。

图 3.1.10 "添加组件"对话框

（1）"部件"面板：该面板中设置了 4 种指定已存组件的方法。

① 选择部件：单击"选择部件"按钮 ，直接选择绘图区域中的零部件模型。

② 已加载的部件：在"已加载的部件"列表框中选择相应的组件名称，这些组件当前已被加载到装配体中。

③ 最近访问的部件：在"最近访问的部件"列表框中选择相应的组件的名称，这些组件是之前选择的时候点击过的。

④ 打开：单击"打开"按钮 ，可以用浏览的方式从指定路径的文件夹中选择部件，即可执行装配操作。

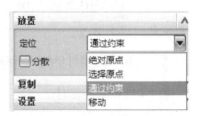

图 3.1.11 "放置"面板

（2）"放置"面板：如图 3.1.11 所示，该面板中可以指定组件在装配体中的定位方式，一共设置了 4 种定位方式。

① 绝对原点：添加组件的位置与原坐标系位置（即绝对的位置）保持一致。

> 提示：
>
> 第一个添加的组件只能是采用绝对方式定位，因为此时装配文件中没有任何可以作为参考的原有组件。

② 选择原点：通过指定原点的方式确定组件在装配中的位置，这样该组件的坐标原点将于选取的点重合。

③ 配对：将按添加约束条件指定组件在装配中的位置，常用的约束条件包括配对、中心、约束、距离等方式，这些命令决定着添加进来的组件与前面的部件如何进行配对定位，直接影响到装配关系的正确与否。具体将在后面的装配约束部分进行讲解。

④ 重定位：通过"类选择"对话框，选取指定组件，将组件添加到装配中后重新定位。具体设置方法将在后面的重定位部分进行讲解。

（3）"复制"面板：该面板中可设置多重组件添加方式，主要用于装配过程中重复使用的相同组件。包括无、添加后重复、添加后排列 3 个列表选项。其中"添加后重复"，在装配操作后将再次弹出相应对话框，即可执行定位操作，而无需重新添加。

2）装配约束

在装配过程中,除了添加组件,还需要设定装配约束。装配约束就是将后面添加的组件按相互配合关系组装到一起,并使其始终保持设定的配合关系,同时也确定了组件在装配模型中的位置。

装配约束用来限制装配组件的自由度,包括线性自由度和旋转自由度,如图 3.1.12 所示,依据配对约束限制自由度的多少可以分为完全约束和欠约束两类。

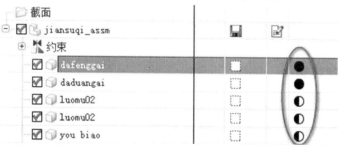

图 3.1.12　装配约束

○表示无约束;●表示完全约束;◐表示部分约束;⊗表示约束不一致。

当采用自底向上的装配设计方式时,除了第一个组件采用绝对坐标系定位方式添加外,接下来的组件添加定位都采用装配约束方式。单击"装配约束"　按钮,打开"装配约束"对话框,如图 3.1.13 所示,类型包括 10 种装配约束,如图 3.1.14 所示,其含义见表 3.1.1,要约束的几何体、设置等选项。

图 3.1.13　"装配约束"对话框

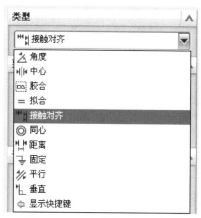

图 3.1.14　十种装配约束类型

表 3.1.1　约束类型含义

约束类型	描　　述
接触对齐 ᶣᶣ ᶣ	约束两个组件,使它们彼此接触或对齐 提示:接触对齐是最常用的约束

约束类型	描　　述
角度 ∠	定义两个对象间的角度尺寸
胶合 ⃞⃞	将组件"焊接"在一起,使它们作为刚体移动
中心 ⊪⃒	使一对对象之间的一个或两个对象居中,或使一对对象沿着另一个对象居中
同心 ◎	约束两个组件的圆形边界或椭圆边界,以使中心重合,并使边界的面共面
距离 ⃗⃗	指定两个对象之间的最小 3D 距离
拟合 =	使具有等半径的两个圆柱面合起来。此约束对确定孔中销或螺栓的位置很有用。如果以后半径变为不等,则该约束无效
固定 ⊥	将组件固定在其当前位置上
平行 ∥	定义两个对象的方向矢量为互相平行
垂直 ⊾	定义两个对象的方向矢量为互相垂直

3.1.3　任务实施

1. 新建装配文件

在标准工具条中单击新建按钮 ⬜ ,在 E:\jiaolun\目录下新建部件文件,模板选为"装配",并将其命名为"jiaolun_assm. prt",如图 3.1.15 所示,单击确定之后,进入装配环境,并自动弹出"添加组件"对话框,如图 3.1.16 所示。

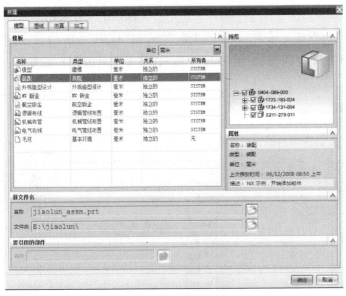

图 3.1.15　"添加组件"对话框

图 3.1.16　"添加组件"对话框

提示:

　　新建装配文件时也可以将模板选为"模型",进入建模环境后,再通过点击"开始"→"装配",打开装配应用模块。

2. 添加装配体的第一个组件——轮架

在自动弹出的"添加组件"对话框中,单击"打开"命令 🖼 ,选择目录下的"lunjia. prt"文件,设置"定位"为绝对原点,设置组件"Reference Set"为模型。

接着给轮架加上"固定"约束。单击"装配"工具条上的 按钮,弹出"装配约束"对话框,如图3.1.17所示,约束选为"类型"为固定,再选中轮架,将其设为固定约束。

3. 将轮子添加到装配体中

单击"装配"工具条中"添加组件"按钮 ,再次弹出"添加组件"对话框,单击"打开"命令 ,选择目录下的"lunzi. prt"文件,设置"定位"为"通过约束",设置组件"Reference Set"为模型。

图3.1.17　设置"装配约束""固定"

单击"确定"后自动弹出"装配约束"对话框。本次装配用到两步约束方法,第一步选择"类型"为"接触对齐","方位"选择为"对齐",如图3.1.18所示。分别选择轮架和轮子上其中一个孔的中心线,可以使得轮架上的圆孔和轮子上的圆孔同轴,如图3.1.19所示。

图3.1.18　设置"装配约束"
　　　　　"接触对齐"

图3.1.19　选择中心线同轴

从图3.1.19中可以看出,轮子目前的装配位置还不准确,要使轮子处于轮架正中间,需要添加另一个约束:距离。

先用"实用工具"工具条中的"测量距离"按钮 来测量一下轮架中间间隔的距离和轮子的宽度。经测量,轮架间隔距离为54mm,轮子宽度为48mm。

将"装配约束"窗口中的"类型"改为距离,如图3.1.20所示,再分别选中如图3.1.21所示的轮子和轮架的两个面,给定距离值为3mm即可将轮子放置在轮架的正中间。

4. 装配螺钉

添加螺钉组件,方法同添加轮子,不再赘述。

螺钉装配用到两步约束方法,设置螺钉装配约束方位,如图3.1.22所示,第一步选择"类型"为"接触对齐","方位"选择为"对齐", 如图3.1.23所示,分别选择轮架上其中一个孔的中心线和螺钉圆柱的中心线即可产生同轴的效果;第二步将"方位"改为"接触",按照图示选择螺钉六边形的底面和轮架的侧面,便可使得螺钉与轮架贴合,得到如图3.1.24所示的螺钉装配效果图。

图 3.1.20　设置"装配约束""距离"

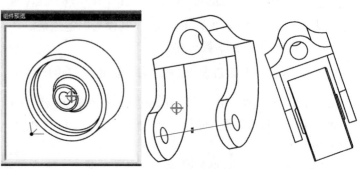

图 3.1.21　设置装配距离 3mm

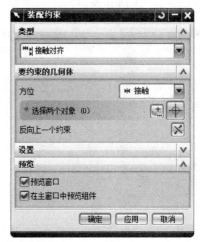

图 3.1.22　设置螺钉装配约束方位

图 3.1.23　螺钉装配　　　　　　　　　　　　　图 3.1.24　螺钉装配效果

5. 装配螺母

用类似的方法,将螺母添加到装配体中。

螺母装配用到两步约束方法,设置螺母装配约束方位,如图 3.1.25 所示,第一步选择"类型"为"接触对齐","方位"选择为"接触",如图 3.1.26 所示,分别选择螺母顶部的圆环平面和轮架的一个侧面,便可使得螺母与轮架贴合,表示螺母与螺钉完全拧紧;第二步将"方位"改为"同心",分别选择螺母顶面的一个圆和轮架侧面的圆孔,以代表螺母和螺钉的旋合后同轴,如图 3.1.27 所示的螺母装配效果图。

图 3.1.25　设置螺母装配约束方位

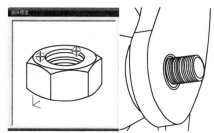

图 3.1.26　螺母装配

6. 装配垫圈和轴

这一步装配与前面 5 步的装配类似,不再赘述。请读者自行思考操作,效果如图 3.1.28 所示。

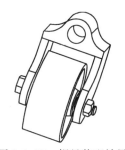

图 3.1.27　螺母装配效果　　　　　　图 3.1.28　脚轮装配效果图

任务 3.2　台钳装配

知 识 目 标	能 力 目 标	建议学时
(1)掌握装配约束的用法; (2)掌握创建阵列组件和镜像组件的基本操作方法; (3)掌握创建爆炸视图的操作方法。	能熟练地运用装配环境下的各种功能完成台钳装配。	10

3.2.1　任务导入

参照学校钳工实验室的虎钳,根据提供的虎钳零件图,进行虚拟装配。

3.2.2　知识链接

1. 创建组件阵列

当要装配的零件有分布规律时,就可以先添加一个零件,然后再根据规律利用阵列的方式来进行装配,从而提高装配效率。

单击菜单栏"装配"→"组件"→"创建阵列"命令,或"装配"工具条中的"创建组件阵列"按钮。选择要阵列的组件之后,弹出的对话框如图 3.2.1 所示。与实体建模时的阵列方式一样,装配阵列也有线性(矩形)和圆形两种。另外还有一种是借助实体建模时用的实例特征作为参考来创建阵列,也很实用。

1)线性(矩形)

从给出的几种方法中选择一种来确定 X 和 Y 的正方向,并设置阵列的数目和偏置的距离,即可创建线性装配阵列,如图 3.2.1 所示。

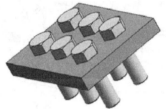

图 3.2.1　创建线性装配阵列

> 提示:
> 　输入偏置距离时要注意正负号,如果偏置的方向与所设定的 X 或 Y 的正方向相同,那么偏置距离为正,反之为负。

2)圆形

从给出的 3 种方法中选择一种来确定圆形阵列的回转轴,并设置阵列的数目和阵列后每两个零件之间的角度,即可创建圆形装配阵列,如图 3.2.2 所示。

图 3.2.2　创建圆形装配阵列

3)从实例特征创建

这种方法也是创建线性阵列或者圆形阵列,只不过是参考了零件实体建模的时候所用到的"实例特征"中的阵列方法和参数。

2. 引用集

通常,在装配中引用的是零件的实体模型,而对于创建零件时的作图痕迹(草图、基准特征、片体、曲线等），如果对于本次装配暂时起不到作用，可以利用引用集将这些与装配无关的参数不加载，避免了图形显示的混乱。

由 UG NX6.0 系统提供的常用引用集有以下几种。

（1）MODEL（模型）：只包含零件的实体特征，其余的都忽略。

（2）整个部件：包含该零件创建过程中的全部特征。

（3）空：不包含零件的任何对象特征，即在装配体中不显示该零件。

例如：我们分别用"整个部件"和"MODEL"两种引用集，就显示出了不同的效果，其中图3.2.3 所示的轮架零件引用集为"整个部件"效果，显示了一些基准平面和基准轴，图3.2.4 所示的轮架零件引用集为"MODEL"效果。在装配过程中若需要用到这些基准特征中的某一个，便可以选用"整个部件"将它们显示出来。而一般情况下，为了不使数据量过于庞大而占用大量的内存而选用"MODEL"。

图3.2.3　引用集为"整个部件"效果

图3.2.4　引用集为"MODEL"效果

用户可以根据需替换当前的引用集，显示出不同的组件效果。有两种方法可以进行替换引用集的操作。

（1）选择"装配"→"组件"→"替换引用集"命令，如图3.2.5 所示。

（2）利用装配导航器的右键快捷菜单，如图3.2.6 所示。

图3.2.5　替换引用集方法1

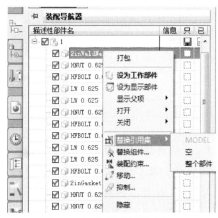
图3.2.6　替换引用集方法2

3. 镜像装配

若在装配体两边有起相同作用的对称部件，可以用镜像装配功能。单击菜单栏"装配"→"组件"→"镜像装配"命令，或"装配"工具条中的"镜像装配"按钮 。

镜像装配的操作步骤可参看本节的拓展训练。

4. 装配爆炸图

爆炸图是指将装配体中指定的组件或子装配按照装配关系，从实际位置中偏移出来生成的图形，它可以方便用户了解产品的内部结构以及部件之间的装配顺序。

要执行爆炸视图的相关操作,可在"装配"工具栏上单击"爆炸图"按钮 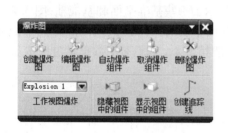,弹出如图3.2.7 所示的"爆炸图"工具栏。该工具栏中包含所有爆炸图创建和设置的选项。除此之外,用户也可以选择菜单栏中的"装配"→"爆炸图"选项,如图3.2.8 所示,这里弹出的"爆炸图"的子菜单和"爆炸"工具栏的功能相同。以下仅介绍工具栏中的按钮操作,对于菜单栏中的操作不再赘述。

图3.2.7 "爆炸图"工具栏

图3.2.8 "爆炸图"选项

1)新建爆炸视图

单击"爆炸图"工具栏中的"创建爆炸图"按钮 ,在弹出的"创建爆炸图"对话框中,输入自定的爆炸图的名称或者接受软件默认名称 Explosion 1,单击"确定"按钮,即可创建一个爆炸视图,如图3.2.9 所示。

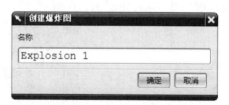

图3.2.9 "创建爆炸图"对话框

> 提示:
> 1. 必须为爆炸图命名,一个装配体可以创建多个爆炸图,但每个爆炸图都必须要有不同的名称。软件默认根据爆炸图的创建顺序,将爆炸图依次命名为 Explosion 1,2,3,…
> 2. 如果目前已经有一个爆炸图,则可以使用现有爆炸状态作为起始位置创建一个新的分解,这对于定义一系列爆炸图来显示一个被移动的不同组件很有用。

2)自动爆炸视图

在新建一个爆炸图后,当前的视图状态没有发生什么变化,接下来就必须使装配体中的组件炸开。自动爆炸是基于组件之间保持关联的条件,按照指定的距离从装配体中沿装配关系的矢量方向反向分离。

用户可通过单击"爆炸图"工具栏中的"自动爆炸组件"按钮 ,选取要分离的组件,随后会弹出"爆炸距离"对话框,如图3.2.10 所示,输入移动的距离,单击"确定"按钮即可将组件从装配体中分离。

图 3.2.10　设置自动爆炸距离参数

3）编辑爆炸视图

如果采用自动爆炸得不到预期的爆炸效果，就需要对爆炸图进行调整编辑。要执行该操作，用户可单击"爆炸图"工具栏中的"编辑爆炸图"按钮，在弹出的"编辑爆炸图"对话框中可按照顺序先"选择对象"，再"移动对象"，即可将组件移动或旋转到适当的位置，如图3.2.11 所示。

图 3.2.11　编辑爆炸图

4）删除爆炸视图

用户可通过单击"爆炸图"工具栏中"删除爆炸图"按钮 删除不需要的爆炸图。

5）装配图和爆炸图的切换

用户可通过单击"爆炸图"工具栏中的列表框进行爆炸图之间或爆炸图与装配图之间的切换，如图3.2.12 所示。

图 3.2.12　爆炸图与装配图切换

6）隐藏组件

"爆炸图"工具栏中的"隐藏式图中的组件"按钮 和"显示视图中的组件"按钮 是对组件的隐藏和重新显示,其功能和"实用工具"工具栏中的"隐藏"和"显示"功能类似,这里不再赘述。

3.2.3 任务实施

（1）建立一个新的部件文件。

在 E:\huqian\目录下新建部件文件,模板选为"装配",并将其命名为"huqian_assm. prt"。单击确定之后,进入装配环境,并自动弹出添加组件对话框。执行"开始"/"建模"命令,进入建模和装配共存的环境。

（2）添加装配体的第一个组件——虎钳底座。

在自动弹出的"添加组件"对话框中,单击"打开"命令 ,选择目录下的"dizuo. prt"文件,设置"定位"为绝对原点,设置组件"Reference Set"为模型,如图 3.2.13 所示。

单击"装配"工具条上的 按钮,弹出"装配约束"对话框,选择"类型"为固定,在选中底座实体,即可将底座设为固定约束,如图 3.2.14 所示。

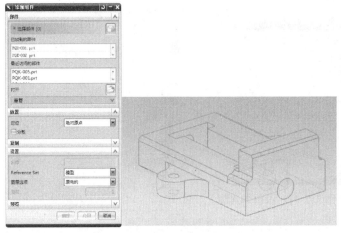

图 3.2.13 添加装配体虎钳底座组件　　　　　图 3.2.14 设置虎钳底座组件装配约束

（3）底座和钳口板间的装配。

单击"装配"工具条中"添加组件"按钮 ,再次弹出"添加组件"对话框,单击"打开"命令 ,选择目录下的"qiankouban. prt"文件,设置"定位"为"通过约束",设置组件"Reference Set"为"模型"。

确定后自动弹出"装配约束"对话框。本次装配用到两步约束方法,第一步选择"类型"为接触"对齐","方位"选择为"对齐",如图 3.2.15 所示,分别选择底座和钳口板上其中一个孔的中心线,可以使得圆孔和螺纹孔中心线对齐,紧接着按照同样的方法,使得另一对孔的中心线对齐,如图 3.2.16 所示。

很明显的,钳口板和底座最终的装配状态不应该是分离的,而是应该接触。这便是需要设置的第二步约束方法,"类型"依然为接触对齐,"方位"选择为接触。分别选择钳口板与底座应该接触的两个面,即可显示出接触的装配效果。

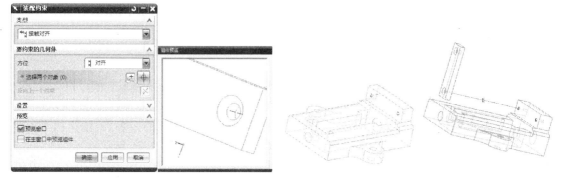

图 3.2.15　设置钳口板对齐方式装配约束

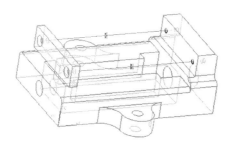

图 3.2.16　设置另外中心孔对齐

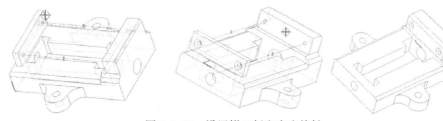

图 3.2.17　设置钳口板和底座接触

提示:

1. 第一个组件的定位方式为绝对原点,后面的组件定位方式均为通过约束。

2. 在"装配约束"对话框中通过勾选 ☑在主窗口中预览组件 ,即可在绘图区域预览装配效果。

3. 可以借助"装配导航器"来查看组件之间的约束状况。如图 3.2.18 所示。用 MB3 点击某个约束,可以进行相关的编辑和删除。

4. 组件之间尽量做到完全约束。即组件名称右边出现实心的 · 符号。

图 3.2.18

注意:前两个组件的装配过程详细介绍,后面的组件在装配时相类似的步骤不再赘述。

(4)螺钉和钳口板间的装配

单击"添加组件"按钮 ![],添加"luoding. prt"。"定位"选为"通过约束","Reference Set"选为"模型"。

如图 3.2.19 所示,第一步约束类型为接触对齐,方式选为接触,分别选中螺钉和钳口板上螺钉孔的锥面。第二步约束类型为接触对齐,方式选为对齐,分别选中螺钉和螺钉孔的中心线。第三步约束类型为平行,分别选择螺钉一字槽的侧面和钳口板的上表面,使得两个面平行。效果如图 3.2.20 所示。用同样的方法装配第二个螺钉,如图 3.2.21 所示。

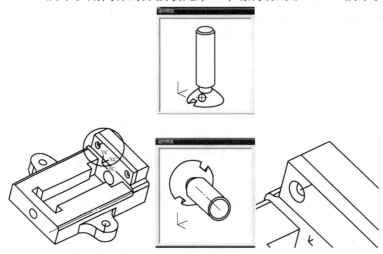

图 3.2.19 装配钳口板螺钉

(5)建立子装配——活动钳身和钳口板的装配。

将 huqian_assm. prt 保存但不需要关闭。

在标准工具条中单击新建按钮 ![],在 E:\huqian\目录下新建部件文件,将其命名为"huodongqiankou_assm. prt",单击确定后进入一个新的装配环境(子装配)。仿照"添加装配体的第一个组件——虎钳底座"的操作步骤,将"huodongqianshen"文件添加到子装配体中;仿照"底座和钳口板间的装配"、"螺钉和钳口板间的装配"的操作步骤,将钳口板装配到活动钳身上,再将螺钉装配到子装配模型中,效果如图 3.2.22 所示。

图 3.2.20 完成钳口板   图 3.2.21 完成钳口板   图 3.2.22 建立子装配
一个螺钉装配   两个螺钉装配

(6)添加子装配到装配体。

在"窗口"下拉菜单中选择"huqian_assm. prt"切换到虎钳准装配。

单击"添加组件"按钮 ![],添加"huodongqianshen_assm. prt"。"定位"选为"通过约束",

"Reference Set"选为模型。

① 约束类型为"接触对齐",如图 3.2.23 所示,方式选为接触,分别选中活动钳身的底面和底座的上表面,预览效果如图 3.2.24 所示。

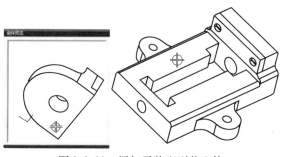
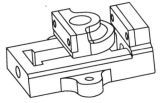

图 3.2.23　添加子装配到装配体　　　　图 3.2.24　子装配接触效果图

② 约束类型为"平行",如图 3.2.25 所示,分别选中底座和活动钳身上的钳口板的平面。并单击反向按钮 ⊠ ,预览效果如图 3.2.26 所示。

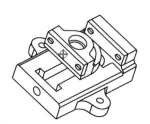
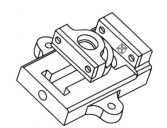

图 3.2.25　设置子装配平行　　　　图 3.2.26　子装配平行效果图

③ 约束类型为"接触对齐",如图 3.2.27 所示,方式选为对齐,分别选择底座和活动钳身的两个侧面,使得两个面在同一平面内,且法线方向一致,预览效果如图 3.2.28 所示。

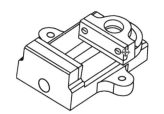
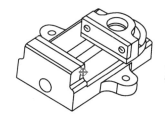

图 3.2.27　设置子装配对齐　　　　图 3.2.28　子装配对齐效果图

（7）添加方螺母到装配体。

单击"添加组件"按钮 ,添加"fangluomu.prt"。"定位"选为"通过约束","Reference Set"选为模型。

第一步约束类型为"接触对齐",方式选为"接触",如图 3.2.29 所示,分别选中图示的两个平面,使得这两个平面接触。

第二步约束类型为"接触对齐",方式选为"对齐",如图 3.2.30 所示,分别选中方螺母上矩形螺纹孔的轴线和底座高端圆孔的轴线,使得两圆孔同轴。

第三步约束类型为"接触对齐",方式选为"对齐",如图 3.2.31 所示,分别选中方螺母上端圆柱的轴线线和活动钳身圆孔的轴线,使得孔轴同轴。

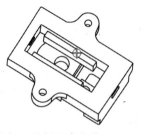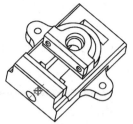

图 3.2.29　设置方螺母接触约束方式　　　　　图 3.2.30　设置方螺母同轴约束方式

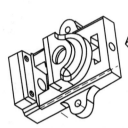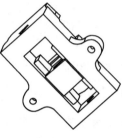

图 3.2.31　设置方螺母外圆同轴约束方式

（8）添加螺杆到装配体。

单击"添加组件"按钮，添加"luogan. prt"。"定位"选为"通过约束"，"Reference Set"选为"模型"。

第一步约束类型为"接触对齐"，方式选为"接触"，如图 3.2.32 所示，分别选中图示的两个平面，使得这两个平面接触。

第二步约束类型为"接触对齐"，方式选为"对齐"，如图 3.2.33 所示，分别选中底座低端圆孔的轴线和螺杆末端的轴线。

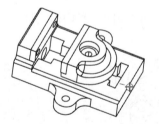

图 3.2.32　设置螺杆接触约束方式　　　　　图 3.2.33　设置螺杆对齐约束方式

第三步约束类型为"平行"，如图 3.2.34 所示，分别选中螺杆前端四方的一个平面和底座高端的平面，使得这两个平面平行，即可得到螺杆完全约束的效果。

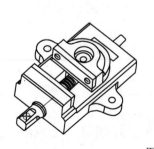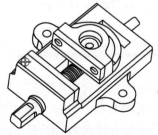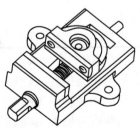

图 3.2.34　设置螺杆平行约束方式

（9）添加垫片到装配体。

单击"添加组件"按钮 ⬚，添加"dianpian.prt"。"定位"选为"通过约束"，"Reference Set"选为"模型"。

第一步约束类型为"接触对齐"，方式选为"接触"，如图3.2.35所示，分别选中图示的两个平面，使得这两个平面接触。

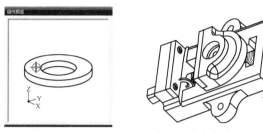

图3.2.35　设置垫片平行约束方式

第二步约束类型为"同心"，如图3.2.36所示，分别选中图示的两个圆，使得这两个圆同心。

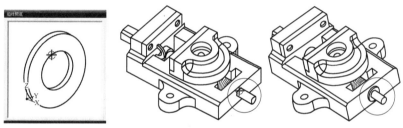

图3.2.36　设置垫片同心约束方式

（10）添加圆螺母到装配体。

单击"添加组件"按钮 ⬚，添加"yuanluomu.prt"。"定位"选为"通过约束"，"Reference Set"选为"模型"。

第一步约束类型为"接触对齐"，方式选为接触，如图3.2.36所示，分别选中图示的两个平面，使得这两个平面接触。

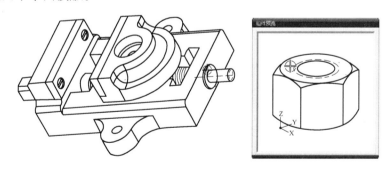

图3.2.37　设置圆螺母接触约束方式

第二步约束类型为"同心"，如图3.2.38所示，分别选中图示的两个圆，使得这两个圆同心。

第三步约束类型为"平行"，如图3.2.39所示，分别选中图示的两个平面，使得这两个平面平行。

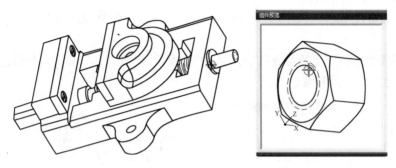

图 3.2.38　设置圆螺母同心约束方式

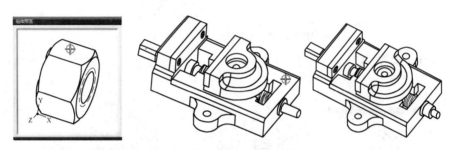

图 3.2.39　设置圆螺母平行约束方式

提示：

　　当一个组件已经被完全约束，便不可与后面添加的组件再创建约束关系，否则会出现约束错误（在装配导航器中可以查看到）而不能达到理想的装配效果。出现这种情况，可以另觅蹊径，找出待约束的组件与现有的未完全约束的组件之间的位置关系。

（11）创建固定螺钉和活动钳身之间的装配。

单击"添加组件"按钮，添加"gudingluoding. prt"。"定位"选为"通过约束"，"Reference Set"选为"模型"。

第一步约束类型为"接触对齐"，方式选为接触，如图 3.2.40 所示，分别选中图示的两个平面，使得这两个平面接触。

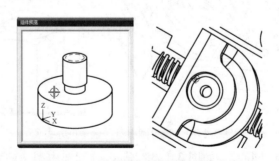

图 3.2.40　设置固定螺钉接触约束方式

第二步约束类型为"接触对齐"，方式选为对齐，如图 3.2.41 所示，分别选中螺钉的轴线和活动钳身上内螺纹的轴线。

至此完成虎钳的整套装配过程，如图 3.2.42 所示。

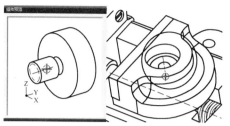

图 3.2.41　设置固定螺钉对齐约束方式

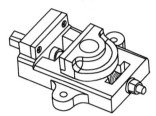

图 3.2.42　完成虎钳装配

3.2.4　拓展训练

1. 电磁阀端盖装配(图 3.2.43)

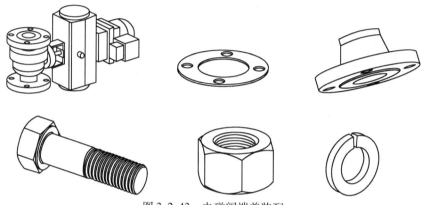

图 3.2.43　电磁阀端盖装配

（1）创建装配模型:fati_assm. prt。

（2）添加第一个组件:阀体。约束:固定。如图 3.2.44 所示。

（3）添加组件:垫片,约束:接触对齐—接触、同心,如图 3.2.45 ~ 图 3.2.47 所示。

图 3.2.44　添加阀体组件

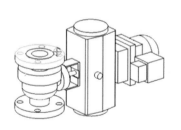

图 3.2.45　添加垫片组件并设置接触约束方式

图 3.2.46　设置垫片大圆同心约束方式

图 3.2.47　设置垫片小圆同心约束方式

（4）同样的方法，添加组件：端盖。

请读者自行完成。装配效果如图 3.2.48 所示。

（5）添加组件：螺钉、弹簧垫圈和螺母。

请读者自行完成。装配效果如图 3.2.49 所示。

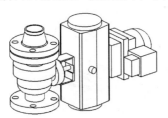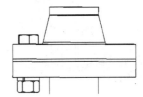

图 3.2.48　添加端盖组件　　　　　图 3.2.49　添加螺钉、弹簧垫圈和螺母组件

（6）阵列组件

用"创建组件阵列"的功能来完成另外 3 组螺钉、垫圈和螺母的装配。

单击"装配"工具条中的"创建组件阵列"按钮，弹出"类选择"对话框，如图 3.2.50 所示，选择已经装配好的螺钉、螺母和弹簧垫圈，"确定"之后弹出"创建组件阵列"对话框。

从中选择"阵列定义"为"圆形"，单击"确定"，下面即将定义圆形阵列的回转轴。选择"轴定义"为"圆柱面"，此时已定义了该圆柱面的轴线作为圆形阵列的回转轴线。设置阵列总数为 4，每两个之间的角度为 90°。

连续单击 3 次确定，阵列效果如图 3.2.50 所示。

图 3.2.50　阵列组件

（7）镜像组件。

读者可以用同样的方法来创建另外一边垫片、端盖、螺钉、螺母等的装配，也可以用"镜像组件"的功能来完成。

在"装配"工具条中单击"镜像组件"按钮，弹出如图 3.2.51 所示的对话框，直接单击"下一步"，弹出如图 3.2.52 所示的对话框，在绘图区域中选择需要镜像的组件（垫片、端盖、螺钉、螺母、弹簧垫圈），继续单击"下一步"，弹出如图 3.2.53 所示的对话框。

图 3.2.51　"镜像装配向导"对话框 1

图 3.2.52　"镜像装配向导"对话框 2

创建镜像时用的对称平面:单击  按钮,弹出创建基准平面的"平面"对话框,选择类型为"平分",并取消设置中的"关联"选项。

在绘图区域中分别选择端盖内侧的两个平面,如图 3.2.54 所示即可创建出中间的平分平面,单击"确定",效果图如图 3.2.55 所示。

图 3.2.53　"镜像装配向导"对话框 3

图 3.2.54　"平面"对话框

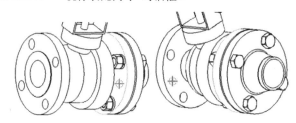

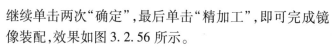

图 3.2.55　创建镜像平面

继续单击两次"确定",最后单击"精加工",即可完成镜像装配,效果如图 3.2.56 所示。

2. 创建脚轮爆炸图

1）创建爆炸图

打开 3.1 节中完成的"jiaolun_assm.prt"装配体。

单击"装配"工具条中的"爆炸图" 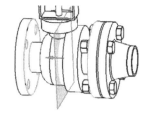,弹出如图 3.2.57 所示的"爆炸图"对话框,单击"创建爆炸图"按钮,可使用默认的"Explosion 1"为第一个爆炸图命名,如

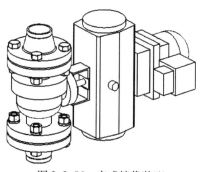

图 3.2.56　完成镜像装配

图 3.2.58 所示,直接单击"确定"即可。

图 3.2.57　"爆炸图"对话框　　　　　　图 3.2.58　爆炸图命名

2) 自动爆炸组件

单击"自动爆炸组件"按钮 ![icon]，弹出"类选择"对话框,如图 3.2.59 所示,全选绘图区域中的所有组件,单击"确定"之后,弹出"爆炸距离"对话框,如图 3.2.60 所示,输入爆炸距离为 100,"确定"之后即出现如图 3.2.61 所示的爆炸效果。

图 3.2.59　"类选择"对话框　　图 3.2.60　输入爆炸距离　　图 3.2.61　爆炸效果

3) 编辑爆炸组件

第一次创建的爆炸图可能不完美,但它是形成完美爆炸图的一个良好开端,使用自动爆炸组件后,可以通过选择"编辑爆炸组件"来继续完善爆炸。

下面以垫圈为例,使用该功能移动垫圈的位置。

单击"编辑爆炸组件"按钮 ![icon],弹出如图 3.2.62 所示"编辑爆炸图"对话框,选择"选择对象"选项,并在绘图区域中选中要编辑的垫圈,如图 3.2.63 所示。

再选择"移动对象"选项,如图 3.2.64 所示,在出现的坐标系中点中移动方向的箭头,在对话框中输入距离 -120,单击"确定",如图 3.2.65 所示,即可出现垫圈移动的效果,如图 3.2.66 所示。

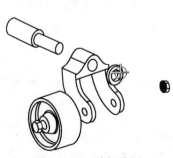

图 3.2.62　编辑爆炸图　　　　图 3.2.63　编辑垫圈　　　　图 3.2.64　选择"移动对象"

请读者按照同样的方法,将其余需要移动位置的组件编辑到合适的位置,编辑爆炸效果如图 3.2.67 所示。

4) 装配和爆炸环境的切换

请读者注意此时的"爆炸图"工具条中所有的按钮都已经启动,装配体已进入爆炸环境,而不是先前的装配环境。这时在如图 3.2.68 所示的"工作视图爆炸"下拉菜单中选择"无爆炸"来切换回装配环境。

图 3.2.65　输入爆炸距离

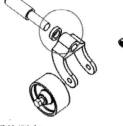
图 3.2.66　垫圈移动的效果图

图 3.2.67　编辑爆炸效果

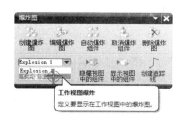
图 3.2.68　装配和爆炸环境的切换

项目 3　小　结

本项目主要介绍任务装配方法与条件等简单装配基本操作,通过简单实例介绍理解装配操作方法与流程,并通过生产中典型台钳装配实例进一步理解装配过程,在拓展训练中分析电磁阀端盖装配及创建脚轮爆炸图深入了解装配实质及其在实际应用中的意义。

习　题

1. 创建虎钳、电磁阀端盖的爆炸视图。
2. 装配本书配套光盘中提供的单级圆柱齿轮减速器,并生成爆炸视图。

项目4　UG CAM 自动编程

任务4.1　平面铣

知识目标	能力目标	建议学时
（1）了解数控铣削加工编程流程和加工环境； （2）掌握 UG CAM 数控铣削加工方法和基本操作步骤； （3）掌握 UG CAM 数控铣削参数的设置及应用； （4）熟练掌握平面铣零件加工编程方法与步骤。	（1）会设置平面铣削加工环境； （2）具备 UG CAM 数控铣削基本操作能力； （3）具备 UG CAM 平面铣削参数设置及应用能力； （4）具备平面铣零件编程操作及仿真加工能力。	10

4.1.1　任务导入

任务描述：铣削槽形零件，尺寸如图 4.1.1 所示，材料 ZL104，毛坯尺寸 $150 \times 100 \times 35$，要求对零件的凹槽及上表面进行粗加工。

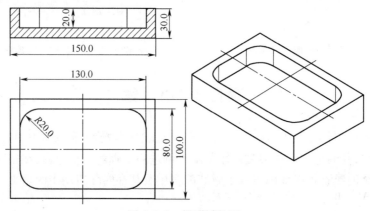

图 4.1.1　槽形零件图

4.1.2　知识链接

1. 数控编程一般步骤

数控编程是指系统根据用户指定的加工刀具、加工方法、加工几何体和加工顺序等信息来创建数控程序，然后把这些程序输入到相应的数控机床中。数控程序将控制数控机床自动加工生成零件。因此在编程数控程序之前，用户需要根据图纸的加工要求和零件的几何形状确定刀具加工、加工方法和加工顺序。

数控编程流程一般包括：

（1）图纸分析和零件几何形状的分析；

（2）创建零件的模型；

（3）根据模型确定加工类型、加工刀具、加工方法和加工顺序；

（4）生成刀具轨迹；

（5）后置处理输出数控程序。

数控编程操作流程如图4.1.2所示。

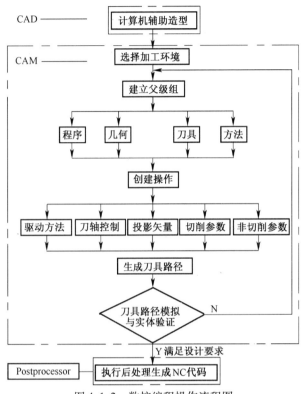

图4.1.2　数控编程操作流程图

2. UG CAM 加工类型

UG NX CAM 模块中包含多种加工类型，如车削、铣削、钻削、线切割等。其中铣削应用包括固定轴和可变轴铣削，铣削类型及应用如图4.1.3所示。

3. UG NX CAM 模块简介

UG NX CAM 加工模块具有非常强大的数控编程功能，能够编写铣削、钻削、车削、线切割等加工路径并能处理 NC 数据。具有非常多的参数选项实现所需的工艺要求、完善刀具路经，达到理想的加工效果。

UG NX CAM 加工环境设置如图4.1.4所示，要创建的 CAM 设置见表4.1.1。

4. UG NX CAM 加工界面

首先打开要进行编程的模型，然后在菜单条中选择"开始"/"加工"命令或按"Ctrl + Alt + M"组合键即可进入编程界面，如图4.1.5所示。

1）加工界面主要工具

"菜单条"工具条：包含了文件的管理、编辑、插入和分析等命令。

"标准"工具条：包含了打开所有模块、新建文件或打开文件、保存文件和撤销等操作。

"视图"工具条：包含了产品的显示效果和视角等命令。

"插入"工具条：包含了创建程序、创建刀具、创建几何体和创建操作4种命令。

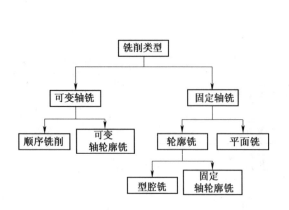

图 4.1.3　铣削类型及应用　　　　　　　　图 4.1.4　加工环境设置

表 4.1.1　常用要创建的 CAM 设置含义与应用

设　置	名　称	应　用
mill_planar	平面铣	用于钻、平面粗铣、半精铣、精铣
mill_contour	轮廓铣	用于钻、平面铣、固定轴轮廓铣的粗铣、半精铣、精铣
mill_multi_axis	多轴铣	用于钻、平面铣、固定轴轮廓铣、可变轴轮廓铣的粗铣、半精铣、精铣
drill	钻削	用于钻、粗铣、半精铣、精铣
holl_making	孔加工	用于钻孔
turning	车削加工	用于车削
wire_edm	线切割加工	用于线切割加工
maching_knowledge	加工知识	用于钻、锪孔、铰、埋头孔加工、镗孔、型腔铣、面铣和攻丝

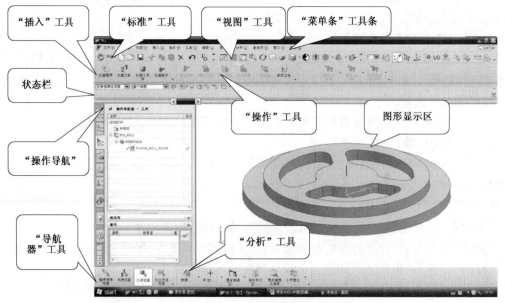

图 4.1.5　加工界面

"操作"工具条:包含了生成刀轨、列出刀轨、校验刀轨和机床仿真4种命令。

"状态栏":显示操作过程中的信息提示。

"导航器"工具条:包含了程序顺序视图、机床视图、几何视图和加工方法视图。

"操作导航器":显示"导航器"工具条中不同视图标签中的内容。

"分析"工具条:包含了所有分析模具的大小、形状和结构的功能。

"图形显示区":显示加工操作过程中的图形,仿真加工等。

2) 加工操作导航器应用

在编程主界面左侧单击"操作导航器"命令，即可在编程界面中显示操作导航器,如图4.1.6所示。在操作导航器中的空白处单击鼠标右键,弹出右键菜单,如图4.1.7所示,通过该菜单可以切换加工视图或对程序进行编辑等,也可以通过"导航器"工具条进行切换。

图4.1.6 操作导航器

图4.1.7 右键菜单

5. 编程前的参数设置

UG CAM编程时,应遵循一定的编程顺序和原则。企业编程师习惯首先创建加工所需要使用的刀具,接着设置加工坐标和毛坯,然后设置加工公差等一些公共参数。希望UG CAM编程初学者能像这些编程师一样养成良好的编程习惯。

1) 创建刀具

打开需要编程的模型并进入编程界面后,第一步要做的工作就是分析部件模型,确定加工方法和加工刀具。在"插入"工具条中单击"创建刀具"命令，弹出"创建刀具"对话框,如图4.1.8所示;输入刀具的名称"T1D20",接着单击 确定 命令,弹出5参数刀具参数对话框;输入刀具直径和底圆角半径及刀具号,如图4.1.9所示;最后单击 确定 命令。

注意:① 输入刀具名称时,只需要输入小写字母即可,系统会自动将字母转为大写状态。

② 设置刀具参数时,只需要设置刀具的直径和底圆角半径即可,其他参数按默认即可。

③ 加工时,编程人员还需要编写加工工艺说明卡,注明刀具的类型和实际长度。

2) 创建几何体

几何体包括机床坐标、部件和毛坯,其中机床坐标属于父级,部件和毛坯属于子级。在"插入"工具条中单击"创建几何体"命令，弹出"创建几何体"对话框,如图4.1.10所示;在"创建几何体"对话框中选择几何体和输入名称,然后单击 确定 命令,即可创建几何体。

图 4.1.8　创建刀具

图 4.1.9　设置 5 参数刀具

图 4.1.10　"创建几何体"对话框

注意：上述创建几何体的方法很容易使初学者混淆机床坐标与毛坯的父子关系，而且容易产生多层父子关系，所以建议不要采用这种方法创建几何体。

下面介绍一种最常用的且容易让编程初学者掌握的创建几何体的方法。

（1）创建机床坐标。

① 首先，在编程界面的左侧单击"操作导航器"命令 ，使操作导航器显示在界面中。

② 打开"导航器"工具条中"几何视图"标签，操作导航器显示如图 4.1.11 所示。

③ 在操作导航器中双击"MCS_MILL"，打开如图 4.1.12 所示"机床坐标系"对话框，接着设置安全距离；打开"CSYS 会话"对话框，设置加工坐标系在毛坯上表面中心，其余默认，设置如图 4.1.13 所示加工坐标系，单击"确定"两次。

注意：机床坐标一般在工件顶面的中心位置，所以创建机床坐标时，最好先设置好当前坐标，然后在"CSYS"对话框中设置参考为"绝对"。

（2）指定毛坯几何体。

双击"操作导航器"中"MCS_MILL"下的"WORPIECE"，打开"铣削几何体"对话框，指定毛坯几何体，最后，单击"确定"两次，完成设置，如图 4.1.14 所示。

（3）指定部件几何体。

在"铣削几何体"对话框中，指定部件几何体，最后，单击"确定"两次，完成设置，如图 4.1.15 所示。

3）设置余量及公差

加工主要分为粗加工、半精加工和精加工 3 个阶段，不同阶段其余量及加工公差的设置都是不同的，下面介绍设置余量及公差的方法。

（1）打开"导航器"工具条中"加工方法视图"标签，操作导航器显示如图 4.1.16 所示。

（2）在操作导航器中双击"MILL_ROUGH"，打开"铣削方法"对话框，然后设置部件的余量为 0.5，内公差为 0.05，外公差为 0.05，如图 4.1.17 所示，最后单击"确定"命令。

（3）设置半精加工和精加工的余量和公差，结果如图 4.1.18 和图 4.1.19 所示。

注意：加工模具时，其开粗余量多设为 0.5，但如果是加工铜公余量就不一样了，因为铜公最后的结果是要留负余量的；模具加工要求越高时，其对应的公差值就应该越小。

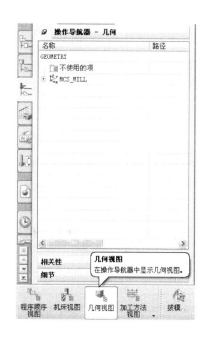

图 4.1.11 几何视图

图 4.1.12 "机床坐标系"对话框

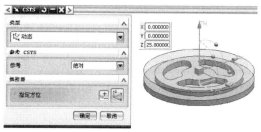

图 4.1.13 设置加工坐标系

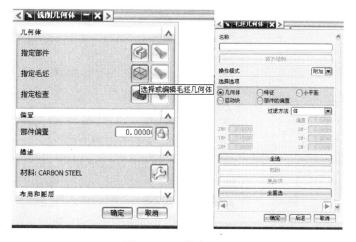

图 4.1.14 指定毛坯

6. 创建操作

创建操作包括创建加工方法、设置刀具、设置加工方法和参数等。在"插入"工具条中单击"创建操作"命令,打开"创建操作"对话框,如图 4.1.20 所示。首先在"创建操作"对话框中选择类型,接着选择操作子类型,然后选择程序名称、刀具、几何体和方法。

在"创建操作"对话框中单击"确定"命令即可弹出新的对话框,从而进一步设置加工参数。

注意:在模具加工中,最常使用的加工类型主要是 mill_planar 和 mill_contour 两种。

下面以图形的方式详细介绍最常用的几种操作子类型,如表 4.1.2 所列。

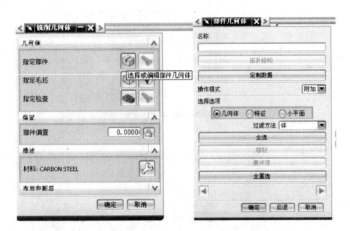

图 4.1.15　指定部件　　　　　　　　　　　　图 4.1.16　加工方法视图

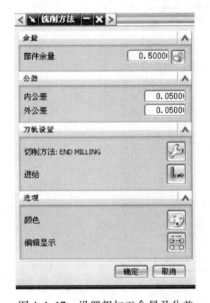

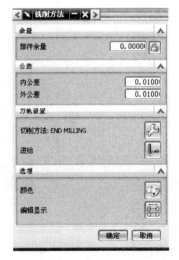

图 4.1.17　设置粗加工余量及公差　　　图 4.1.18　半精加工余量及公差　　　图 4.1.19　精加工余量及公差

7. 刀具轨迹的显示及检验

生成刀路时,系统就会自动显示刀具路径的轨迹。当进行其他操作时,这些刀路轨迹就会消失,如想再次查看,则可先选中该程序,再单击鼠标右键,然后在弹出的快捷菜单中选择"重播"命令,即可重新显示刀路轨迹,如图 4.1.21 所示。

编程初学者往往不能根据显示的刀路轨迹判别刀路的好坏,而需要进行实体模拟验证。在"加工操作"工具条中单击"校验刀轨"命令,弹出"刀轨可视化"对话框,接着选择"2D 动态"选项卡,然后单击"播放"命令,系统开始进行实体模拟验证,如图 4.1.22 所示。

图 4.1.20　创建操作

表 4.1.2　常用的操作子类型及说明

序号	操作子类型	加工范畴	图　解
1	面铣加工 （Face – milling）	适用于平面区域的精加工,使用的刀具多为平底刀	
2	表面加工 （Planar – mill）	适用于加工阶梯平面区域,使用的刀具多为平底刀	
3	型腔铣 （Cavity – mill）	适用于模坯的开粗和二次开粗加工,使用的刀具多为球刀(圆鼻刀)	

序号	操作子类型	加工范畴	图　　解
4	等高轮廓铣 （Zlevel – profile）	适用于模具中陡峭区域的半精加工和精加工，使用的刀具多为球刀（圆鼻刀），有时也会使用合金刀或白钢刀等	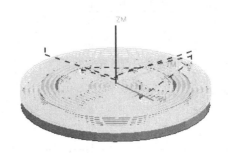
5	固定轴区域轮廓铣 （Contour – area）	适用于模具中平缓区域的半精加工和精加工，使用的刀具多为球刀	

图 4.1.21　重播刀路

图 4.1.22　实体模拟验证

注意:进行实体模拟验证前,必须设置加工工件和毛坯,否则无法进行实体模拟。

4.1.3 任务实施

1. 建模

在当前层 1 层创建零件模型,2 层创建毛坯,并设置毛坯透明度80%,如图4.1.23所示。

图 4.1.23 凹槽建模

2. 进入平面铣加工环境

单击"开始"下面"加工"应用模块,如图 4.1.24 所示,选择"cam_general"、"mill_ planar",单击"确定",完成加工环境设置,如图 4.1.25 所示。

图 4.1.24 "加工"应用模块

图 4.1.25 平面铣"加工环境"设置

3. 创建刀具

单击"导航器"工具条中"机床视图"标签(可显示创建的刀具),如图 4.1.26 所示,单击"插入"工具条中的"创建刀具"命令,打开"创建刀具"对话框,如图 4.1.27 所示,依次选择类型"mill_ planar"、刀具子类型"MILL"、刀具位置"GENERIC_MACHINE"、命名为"T1D20",单

图 4.1.26 导航工具条"机床视图"

图 4.1.27 创建 1 号刀具

击"应用",打开"铣刀–5 参数"对话框,设置直径为"20",刀具补偿号均为"1",其余默认,如图 4.1.28 所示完成刀具参数设置,单击"确定",完成 1 号刀具创建,如图 4.1.29 所示在操作导航器显示的 1 号刀具。

图 4.1.28 设置 5 参数刀具

图 4.1.29 "操作导航器"

4. 创建几何体

1)建立加工坐标系

单击"导航工具条"中"几何视图"标签,如图 4.1.30 所示,双击"操作导航器"中的"MCS_MILL",打开"Mill Orient"对话框,如图 4.1.31 所示,单击"CSYS 对话框",设置加工坐标系在

图 4.1.30 "几何视图"标签

图 4.1.31 "Mill Orient"对话框

毛坯上表面中心,其余默认,如图4.1.32所示,单击"确定"两次,完成加工坐标系创建。

2）创建毛坯几何体

双击"操作导航器"中"MCS_ MILL"下的"WORPIECE",打开"铣削几何体"对话框,如图4.1.33所示,单击"选择或编辑毛坯几何体"命令,打开"毛坯几何体"对话框,如图4.1.34所示,指定2层的毛坯模型为"毛坯几何体",其余默认,单击"确定"两次,完成毛坯创建。

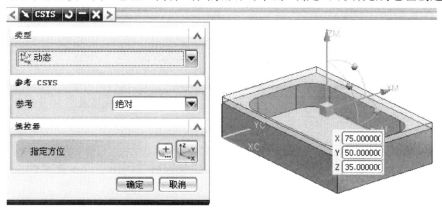

图4.1.32　设置毛坯上表面中心为加工坐标系

图4.1.33　"铣削几何体"对话框

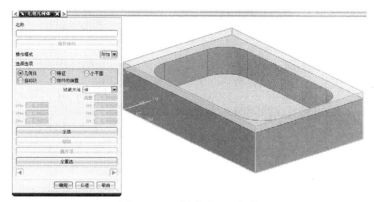

图4.1.34　创建毛坯几何体

3）设定毛坯边界

如图4.1.35所示,单击"插入"工具条中的"创建几何体"命令,打开如图4.1.36所示的对话框,依次选择类型"mill_planar"、几何体子类型"MILL_BND"、几何体位置"WORKECE"、命名为"mill_blank",单击"确定"打开"毛坯边界"对话框,如图4.1.37所示,设置毛坯边界为"曲线边界"并依次选择毛坯上表面的4条边线,其余默认,单击"确定",完成毛坯边界设定。

图4.1.35　"插入"工具条中"创建几何体"命令

图 4.1.36　设置"创建
几何体"对话框

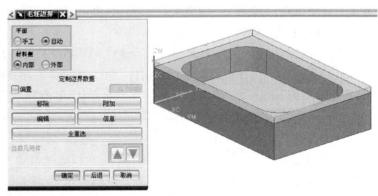

图 4.1.37　设定毛坯边界

4）设置毛坯层不可见

打开"图层设置"管理器,设置 2 层不可见,完成设置后关闭图层设置管理器。

5）设置部件边界

单击"插入"工具条中的"创建几何体"命令,打开对话框如图 4.1.38 所示,依次选择"mill_planar"类型、"MILL_BND"子类型、"MILL_BLANK"几何体位置、命名为"MILL_PART",单击"确定",打开"部件边界"对话框,如图 4.1.39 所示,设置部件边界为"面边界",其余默认,并选择零件的上表面和槽底面,其余默认,单击"确定",完成部件边界设定。

图 4.1.38　设置"创建几何体"对话框

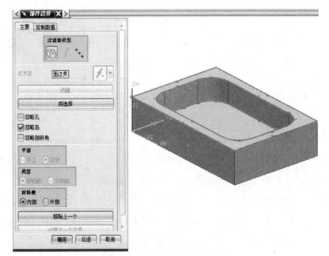

图 4.1.39　设定部件边界

5. 创建加工操作

1）设置"创建操作"参数

单击"插入"工具条中的"创建操作"命令,如图 4.1.40 所示,打开"创建操作"对话框,如图 4.1.41 所示,依次设置类型"mill_planar"、操作子类型"PLANAR_MILL"、程序"NC_PRO-GRAM"、刀具"T1D20（Milling Tool - 5 parameters）"、几何体"MILL_PART"、方法"MILL_ROUGH"、命名为"PLANAR_MILL_ROUGH",完成操作参数设置,单击"确定",打开如图4.1.42 所示的"平面铣"对话框。

图 4.1.40　"插入"工具条中"创建操作"命令

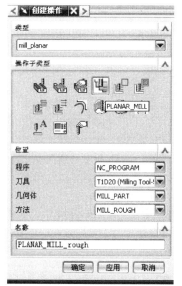

图 4.1.41　设置"创建操作"参数

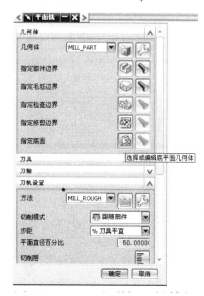

图 4.1.42　"平面铣"对话框

2）指定底面

在"平面铣"对话框中,单击"选择或编辑底面几何体"命令,打开"平面构造器"对话框,指定槽底面位"指定底面",如图 4.1.43 所示,单击"确定"返回。

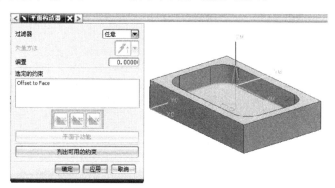

图 4.1.43　指定底面

3）设置刀轨参数

在"平面铣"对话框中,依次设置刀轨参数:切削模式"跟随部件"、步距"％刀具平直"、平面直径百分比"50",如图 4.1.44 所示。

4）设置切削层

在"平面铣"对话框中,单击"切削层"命令,打开"切削深度参数"对话框,如图 4.1.45 所示,设置切削层参数类型"固定深度",最大值"2",其余默认,单击"确定"返回。

图 4.1.44 设置刀轨参数

图 4.1.45 设置切削深度参数

5）设置进给和速度

在"平面铣"对话框中,单击"进给和速度"命令,打开"进给和速度"对话框,如图 4.1.46 所示,勾选"主轴速度(rpm)",设置"主轴转速"为 1500、"剪切"为 100(mmpm),单击"确定"返回。

图 4.1.46 设置"进给和速度"参数

6）生成刀轨,仿真加工

在"平面铣"对话框中,单击"生成"命令,显示刀轨如图 4.1.47 所示,单击"确认"命令,打开"刀轨可视化"对话框,选择 2D(或 3D)模式,其余默认,单击"播放"命令,进行仿真加工验证,如图 4.1.48 所示为仿真加工结果,最后单击"确定"两次。

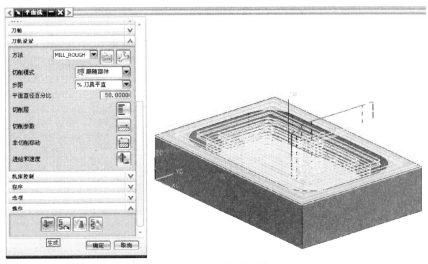

图 4.1.47　生成刀轨

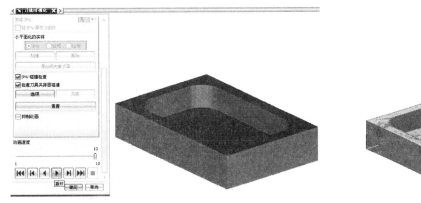

2D 仿真加工结果　　　　　　　　　　　3D 仿真加工结果

图 4.1.48　仿真加工结果

6. 后处理生成 CNC 程序清单

通过操作导航器,选择"WORKPIECE"下的"PLANAR_MILL_ROUGH"操作,单击右键选择"后处理",如图 4.1.49 所示,打开"后处理"对话框,如图 4.1.50 所示,依次选择"MILL_3_AXIS",选择合适的文件夹并命名文件名,勾选"列出输出",单位选择"公制/部件",单击"确定"后,生成后处理匹配对话框,再次单击"确定"后继续生成程序清单,如图 4.1.51 所示。

7. CNC 程序应用

以记事本打开目标文件夹程序文件,并作适当修改即可,如修改程序首行的"G70"为"G54",行号":0300"为"N0300",倒数第 3 行末尾加入"M09"切削液关闭指令,倒数第 2 行添加"M05"主轴停止指令,最后把文件另存为"0012.cnc"格式文件,即可把生成的程序文件格式"ptp"转换为"cnc"格式,该程序即可输入数控机床进行实际加工,当然切削用量参数还可以根据不同加工条件作合理修改以便更加贴近生产实际。

图 4.1.49 通过"操作导航器"打开后处理命令

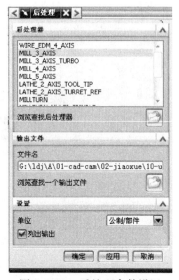

图 4.1.50 后处理参数设置

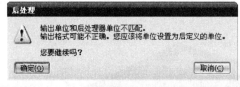

图 4.1.51 生成后处理程序清单

4.1.4 拓展训练

1. 轮毂凸模平面铣

任务描述:

铣削轮毂凸模零件,尺寸如图 4.1.52 所示,毛坯为 $\phi200 \times 25$,材料为 45 号钢,毛坯上表面中心为加工坐标系原点,创建平面铣加工。

任务实施:

(1)建模。

完成轮毂凸模零件建模,同时完成毛坯造型,并把毛坯设计成 80% 透明模型,如图 4.1.53

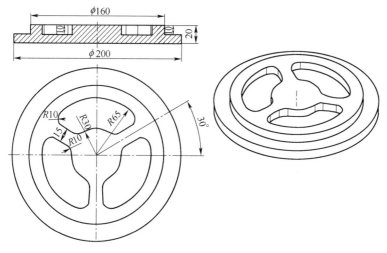

图 4.1.52　轮毂凸模

所示。

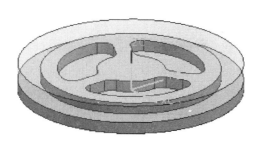

图 4.1.53　创建零件与毛坯模型

（2）进入平面铣加工环境。

单击"开始"菜单下的"加工"应用模块，如图 4.1.54 所示，选择"cam_general"、"mill_ planar"，单击"确定"，完成加工环境设置。

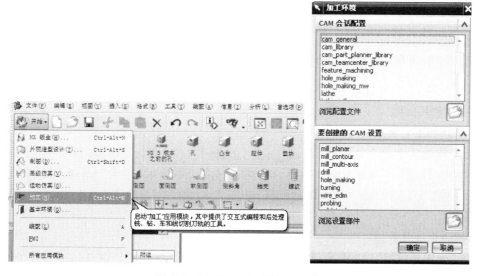

图 4.1.54　进入平面铣加工环境

（3）创建刀具。

单击"导航器"工具条中"机床视图"标签（可显示创建的刀具），如图 4.1.55 所示，单击"插入"工具条中的"创建刀具"命令，依次选择"mill_ planar"类型、"MILL"刀具子类型、"GENERIC_MACHINE"刀具位置、命名为"T1D10"，单击"应用"，打开"铣刀 - 5 参数"对话框，设置直径为"10"，刀具补偿号均为"1"，其余默认，如图 4.1.56 所示完成刀具参数设置，单击"确定"，完成 1 号刀具创建，同时看到在操作导航器显示的 1 号刀具。

注意：选择的刀具直径要小于被铣削圆弧的最小直径，故选择刀具直径为 6mm 的平底立铣刀。

图 4.1.55 "机床视图"标签

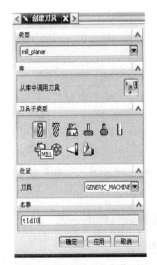

（a）设置"创建刀具参数"

（b）设置 5- 参数铣刀

（c）显示 1 号刀具

图 4.1.56 创建 1 号刀具

（4）创建几何体。

① 建立加工坐标系。

单击"导航工具条"中"几何视图"标签，如图 4.1.57 所示，双击"操作导航器"中的"MCS_ MILL"，打开"Mill Orient"对话框，如图 4.1.58 所示，单击"CSYS 对话框"，设置加工坐标系在毛坯上表面中心，其余默认，如图 4.1.59 所示，单击"确定"两次，完成加工坐标系创建。

② 创建毛坯几何体。

双击"操作导航器"中"MCS_ MILL"下的"WORPIECE"，打开"铣削几何体"对话框，如图 4.1.60 所示，单击"选择或编辑毛坯几何体"命令，打开"毛坯几何体"对话框，指定毛坯模型为"毛坯几何体"，其余默认，单击"确定"两次，完成毛坯创建。

图 4.1.57 "几何视图"标签

图 4.1.58 "Mill Orient"对话框

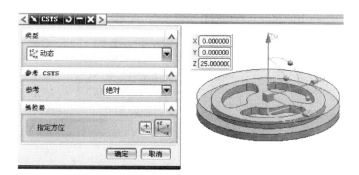

图 4.1.59 设置毛坯上表面中心为加工坐标系

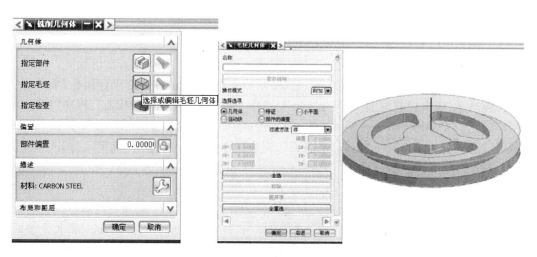

图 4.1.60 创建毛坯几何体

③ 创建部件几何体。

在"铣削几何体"对话框中，如图 4.1.61 所示，单击"选择或编辑部件几何体"命令，打开"部件几何体"对话框，指定部件几何体（应用"实用工具栏"中的"立即隐藏"命令隐藏毛坯模型），最后，单击"确定"两次，完成创建部件几何体，图 4.1.62 显示创建好的毛坯与部件几何体。

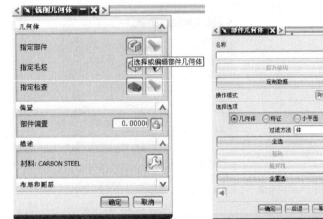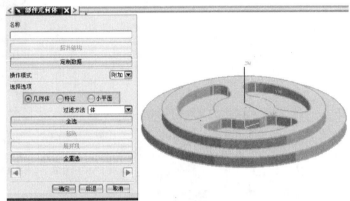

图 4.1.61　创建部件几何体

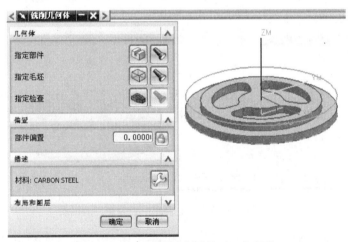

图 4.1.62　显示完成创建的毛坯与部件

（5）创建加工操作。

① 设置"创建操作"参数。

单击"插入"工具条中的"创建操作"命令，如图 4.1.63 所示，打开"创建操作"对话框，如图 4.1.64 所示，依次设置类型"mill_ planar"、操作子类型"PLANAR_ MILL"、程序"NC_PRO-GRAM"、刀具"T1D10（Milling Tool - 5 parameters）"、几何体"WORPIECE"、方法"MILL_ ROUGH"、命名为"PLANAR _MILL_ROUGH"，完成操作参数设置，单击"确定"，打开"平面铣"对话框，如图 4.1.65 所示。

② 创建部件边界。

在"平面铣"对话框中，单击"选择或编辑部件边界"命令，打开"边界几何体"对话框，如图 4.1.66 所示，选择"曲线/边…"模式，其余参数默认，打开"创建边界"对话框，选择部件上表面大圆边线，形成部件第一条封闭边界；然后选择"创建下一个边界"，设置材料侧为"外侧"，单击"成链"后，出现"成链"对话框，顺次选择部件上表面一个内轮廓两条边线，形成部件第二条封闭边界;应用同样办法创建部件的另外两个内轮廓边界,完成部件边界创建,如图4.1.66所示。

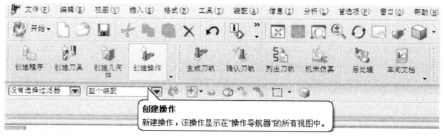

图4.1.63 "插入"工具条中"创建操作"命令

图4.1.64 设置"创建操作"参数

图4.1.65 "平面铣"对话框

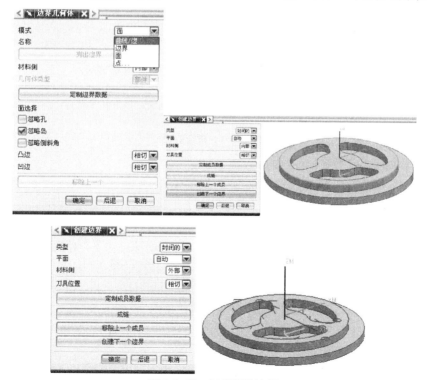

图4.1.66 创建部件边界

③ 创建毛坯边界。

在"平面铣"对话框中,单击"选择或编辑毛坯边界"命令,选择"曲线/边…"模式,其余参数默认,打开"创建边界"对话框,选择毛坯上表面大圆边线,形成毛坯封闭边界,完成毛坯边界创建,如图 4.1.67 所示。

图 4.1.67　创建毛坯边界

④ 指定底面。

选择铣削部件底面,确定加工深度,在"平面铣"对话框中,单击"选择或编辑底平面几何体"命令,打开"平面构造器"对话框,指定部件槽的底面为"指定底面",如图 4.1.68 所示,完成后,单击"确定"返回。

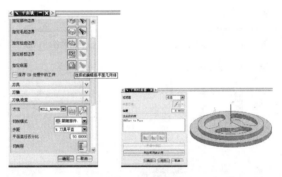

图 4.1.68　指定底面

⑤ 设置平面铣刀轨参数。

在"平面铣"对话框中,依次设置刀轨参数:切削模式"跟随部件"、步距"% 刀具平直"、平面直径百分比"50",如图 4.1.69 所示。

⑥ 设置切削层参数。

在"平面铣"对话框中,单击"切削层"命令,打开"切削深度参数"对话框,如图 4.1.70 所示,设置切削层参数为"固定深度"类型,最大值"2",其余默认,单击"确定"返回。

⑦ 设置切削参数。

在"平面铣"对话框中,单击"切削参数"命令,设置"策略"选项卡为"顺铣"、"深度优先";"余量"选项卡设置部件余量"0.5",部件底部面余量为"0.2",如图 4.1.71 所示,单击"确定"返回。

⑧ 设置非切削移动参数。

在"平面铣"对话框中,单击"非切削移动参数"命令,"进刀"选项卡,封闭区域进刀类型

图 4.1.69 设置平面铣刀轨参数

图 4.1.70 设置切削深度

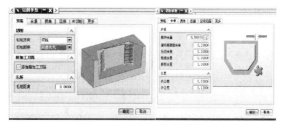

图 4.1.71 设置切削参数

"螺旋线"、开放区域进刀类型"圆弧","传递/快速"选项卡,区域之间、区域内传递类型选择
"最小安全值 Z",安全距离为 3mm,其余参数默认,如图 4.1.72 所示。

⑨ 设置进给和速度。

在"平面铣"对话框中,单击"进给和速度"命令,勾选"主轴速度(rpm)",设置"主轴转速"
600、"剪切"100(mmpm),"进刀"100、"第一刀切削"200(mmpm),如图 4.1.73 所示,单击"确
定"返回。

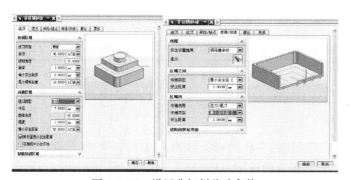

图 4.1.72 设置非切削移动参数

图 4.1.73 设置进给和速度

⑩ 生成刀轨,仿真加工。

在"平面铣"对话框中,单击"生成"命令,显示刀轨如图 4.1.74(a)所示,单击"确认"命
令,打开"刀轨可视化"对话框,选择 2D 模式,其余默认,单击"播放"命令,进行仿真加工验证,
如图 4.1.74(b)所示为仿真加工结果,最后单击"确定"两次。

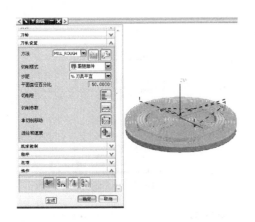
（a）显示刀轨

（b）2D 仿真加工

图 4.1.74　生成刀轨与 2D 仿真加工结果

（6）后处理生成 CNC 程序清单。

通过操作导航器,选择"WORKPIECE"下的"PLANAR_MILL_ROUGH"操作,单击右键选择"后处理",如图 4.1.75 所示,打开"后处理"对话框,依次选择"MILL_3_AXIS",选择合适的文件夹并命名文件名,勾选"列出输出",单位选择"公制/部件",单击"确定"后生成后处理匹配对话框,再次单击"确定"后继续生成程序清单,如图 4.1.76 所示。

图 4.1.75　后处理参数设置

图 4.1.76　生成后处理程序清单

2. 凹槽岛平面铣

任务描述：

铣削凹槽岛零件,尺寸如图 4.1.77 所示,毛坯为 150×100×40,材料为 45 号钢,要加工中间凹槽、圆柱与带圆角方形岛屿,要求创建平面铣加工。

任务实施：

（1）建模。

完成凹槽岛零件建模,同时完成毛坯造型,并把毛坯设计成 80% 透明模型,如图 4.1.78 所示。

（2）进入平面铣加工环境。

单击"开始"下面"加工"应用模块,如图 4.1.79 所示,选择"cam_general"、"mill_ planar",

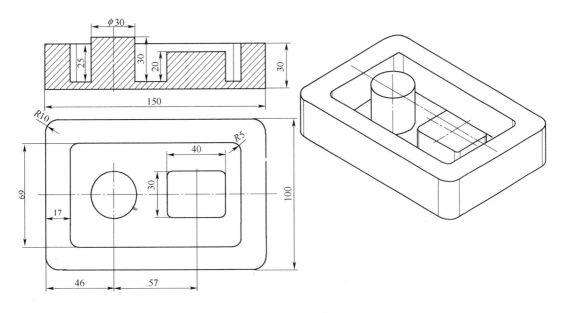

图 4.1.77 凹槽岛

单击"确定",完成加工环境设置。

（3）创建刀具。

单击"导航器"工具条中"机床视图"标签,如图 4.1.80 所示,单击"插入"工具条中的"创建刀具"命令,依次选择类型"mill_planar"、刀具子类型"MILL"、刀具位置"GENERIC_MACHINE"、命名为"T1D6",单击"应用",打开"铣刀 - 5 参数"对话框,设置直径为"6",刀具补偿号均为"1",其余默认,如图 4.1.81 所示完成刀具参数设置,单击"确定",完成 1 号刀具创建。

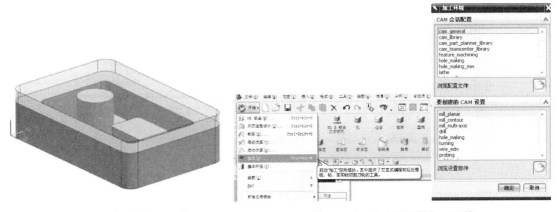

图 4.1.78　凹槽岛零件与毛坯模型　　　　图 4.1.79　进入平面铣加工环境

选择的刀具直径要小于被铣削圆弧的最小直径,故选择刀具直径为 6mm 的平底立铣刀。

（4）创建几何体。

① 建立加工坐标系。

单击"导航工具条"中"几何视图"标签,如图 4.1.82 所示,双击"操作导航器"中的"MCS_MILL",打开"Mill Orient"对话框,如图 4.1.83 所示,单击"CSYS"对话框,设置加工坐标系在毛坯左后上表面角点,其余默认,如图 4.1.84 所示,单击"确定"两次,完成加工坐标系创建。

图 4.1.80 "机床视图"标签

图 4.1.81 创建 1 号刀具

图 4.1.82 "几何视图"标签

图 4.1.83 "Mill Orient"对话框

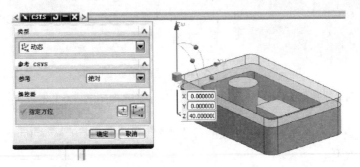

图 4.1.84 设置毛坯左后上表面角点为加工坐标系

② 创建毛坯几何体。

双击"操作导航器"中"MCS_ MILL"下的"WORPIECE",打开"铣削几何体"对话框,如图
4.1.85 所示,单击"选择或编辑毛坯几何体"命令,打开"毛坯几何体"对话框,指定毛坯模型

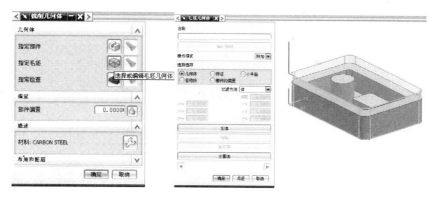

图 4.1.85　创建毛坯几何体

为"毛坯几何体",其余默认,单击"确定"两次,完成毛坯几何体创建。

③ 创建部件几何体。

在"铣削几何体"对话框中,单击"选择或编辑部件几何体"命令,打开"部件几何体"对话框,指定部件几何体(指定部件时,需隐藏毛坯模型,应用"实用工具栏"中的"立即隐藏"命令隐藏毛坯模型),最后,单击"确定"两次,完成创建部件几何体,如图 4.1.86 所示,图 4.1.87 显示创建好的毛坯与部件几何体。

图 4.1.86　创建部件几何体

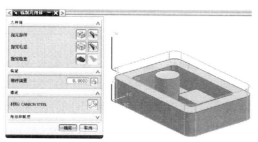

图 4.1.87　显示完成创建的毛坯与部件几何体

④ 创建毛坯几何体边界。

创建毛坯几何体边界和部件几何体边界,是为了更好地约束刀轨的范围,可以先创建毛坯几何体的边界,作为工件几何体的父级组。

如图 4.1.88 所示,单击"插入"工具条中的"创建几何体"命令,打开如图 4.1.89(a)所示"创建几何体"对话框,依次选择"mill_planar"类型、"MILL_BND"几何体子类型、几何体位置"WORPIECE",命名为"BLANK_BND",单击"确定"后,打开如图 4.1.89(b)所示"铣削边界"对话框,单击"选择或编辑毛坯边界"命令,打开如图 4.1.89(c)所示"毛坯边界"对话框,设置过滤器类型为"曲线边界",其余默认,单击"成链"后,出现如图 4.1.89(d)所示"成链"对话框,顺次选择毛坯上表面两条边线,形成毛坯封闭边界,如图4.1.89(e)所示,完成毛坯边界创建。

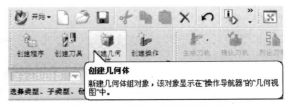

图4.1.88　"创建几何体"命令

(a)"创建几何体"对话框

(b)"铣削边界"对话框

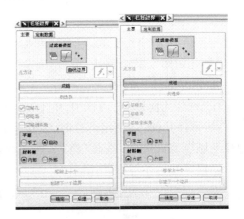

(c)"毛坯边界"对话框

(d)"成链"对话框

(e)选择毛坯边界

图4.1.89　创建毛坯边界

⑤ 创建部件几何体边界。

单击"插入"工具条中"创建几何体"命令,打开如图4.1.90(a)所示"创建几何体"对话框,依次选择类型"mill_planar"、几何体子类型"MILL_BND"、几何体位置"BLANK_BND"、命名为"PART_BND",单击"确定"后,打开如图4.1.90(b)所示"铣削边界"对话框,单击"选择或编辑部件边界"命令,打开如图4.1.90(c)所示"部件边界"对话框,设置过滤器类型为"曲线边界",其余默认,单击"成链"后,出现"成链"对话框,顺次选择部件上表面两条边线,形成部件第一条封闭边界,如图4.1.90(d)所示;然后选择"创建下一个边界",设置材料侧为"外侧",单击"成链"后,出现"成链"对话框,顺次选择部件上表面内轮廓两条边线,形成部件第二条封闭边界,如图4.1.90(e)所示;继续选择"创建下一个边界",设置材料侧为"内侧",选择部件圆形岛上表面圆边线,形成部件第三条封闭边界;继续选择"创建下一个边界",设置材料侧为"内侧",单击"成链"后,出现"成链"对话框,顺次选择部件方岛上表面两条边线,形成部件第四条封闭边界,如图4.1.90(f)所示,完成部件边界创建。

(5)指定底面。

最后选择铣削部件底面,确定加工深度,在"铣削边界"对话框中,单击"选择或编辑底平

(a)"创建几何体"对话框

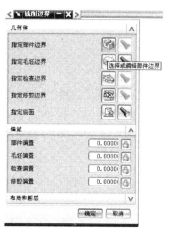

(b)"铣削边界"对话框

(c)"部件边界"对话框

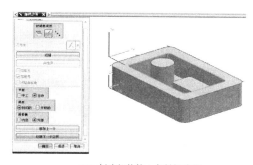

(d)创建部件第1条封闭边界

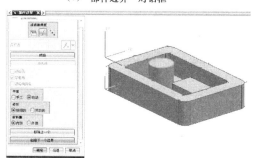

(e)创建部件第2条封闭边界

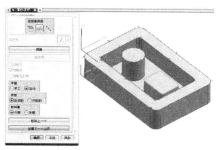

(f)创建部件第3、4条封闭边界

图4.1.90　创建部件边界

面几何体"命令,打开"平面构造器"对话框,选择部件槽的底面,如图4.1.91所示,完成后,单击"确定"返回。

（6）创建加工操作。

①设置"创建操作"参数。

单击"插入"工具条中的"创建操作"命令,如图4.1.92所示,打开"创建操作"对话框,如

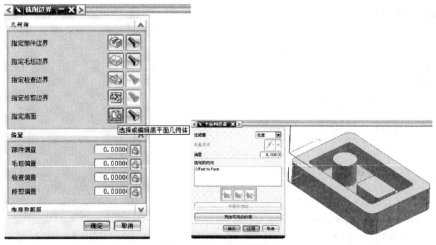

图 4.1.91 指定底面

图 4.1.93 所示,依次设置类型"mill_planar"、操作子类型"PLANAR_MILL"、程序"NC_PRO-GRAM"、刀具"T1D6(Milling Tool - 5 parameters)"、几何体"PART_BND"、方法"MILL_ROUGH"、命名为"PLANAR_MILL",完成操作参数设置,单击"确定",打开如图 4.1.94 所示"平面铣"对话框。

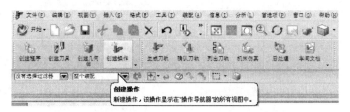

图 4.1.92 "插入"工具条中"创建操作"参数

② 设置平面铣刀轨参数。

在"平面铣"对话框中,依次设置刀轨参数:切削模式"跟随部件"、步距"%刀具平直"、平面直径百分比"50",如图 4.1.94 所示。

图 4.1.93 设置"创建操作"参数

图 4.1.94 设置刀轨参数

③ 设置切削层。

在"平面铣"对话框中，单击"切削层"命令，打开"切削深度参数"对话框，设置切削层参数为"固定深度"类型，最大值"2"，其余默认，如图4.1.95所示，单击"确定"返回。

④ 设置进给和速度。

在"平面铣"对话框中，单击"进给和速度"命令，勾选"主轴速度(rpm)"，设置"主轴转速"为1500、"剪切"为100(mmpm)，如图4.1.96所示，单击"确定"返回。

图4.1.95　设置切削深度参数

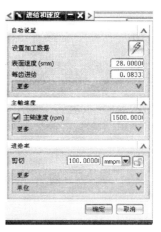

图4.1.96　设置进给和速度

⑤ 生成刀轨，仿真加工。

在"平面铣"对话框中，单击"生成"命令，显示刀轨如图4.1.97(a)所示，单击"确认"命令，打开"刀轨可视化"对话框，选择2D模式，其余默认，单击"播放"命令，进行仿真加工验证，如图4.1.97(b)所示为仿真加工结果，最后单击"确定"两次。

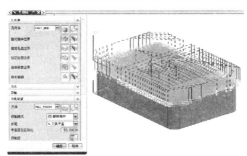

（a）显示刀轨

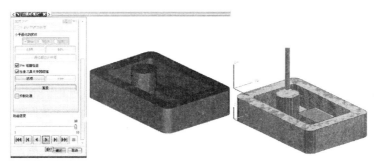

（b）　2D、3D仿真加工

图4.1.97　生成刀轨与2D、3D仿真加工结果

（7）后处理生成 CNC 程序清单。

通过"操作导航器"，选择"WORKPIECE"下的"PLANAR_MILL"操作，单击右键选择"后处理"，如图 4.1.98 所示，打开"后处理"对话框，依次选择"MILL_3_AXIS"、合适的文件夹并命名文件名、单位"公制/部件"，单击"确定"后生成后处理匹配对话框，再次单击"确定"后继续生成程序清单，如图 4.1.99 所示。

图 4.1.98　后处理参数设置

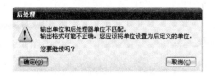

图 4.1.99　生成后处理 CNC 程序清单

任务 4.2　型 腔 铣

知 识 目 标	能 力 目 标	建议学时
（1）掌握 UG CAM 数控铣削加工方法、基本操作步骤、铣削参数的设置及应用； （2）熟练掌握型腔铣零件加工编程方法与步骤。	（1）会设置型腔加工环境； （2）具备 UG CAM 型腔铣削基本操作能力； （3）具备 UG CAM 型腔铣削参数设置及应用能力； （4）具备型腔铣零件编程操作及仿真加工能力。	10

4.2.1 任务导入

任务描述：

铣削烟灰缸零件,尺寸如图 4.2.1 所示,毛坯为 $\phi95 \times 22$,材料为 45 号钢,要加工内外等表面,要求创建型腔铣加工。

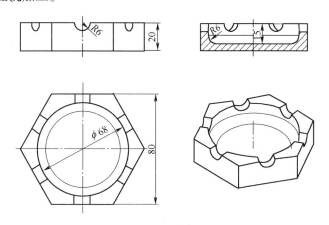

图 4.2.1 烟灰缸

4.2.2 任务实施

1. 工艺分析

(1)加工毛坯: $\phi95 \times 22$。

(2)加工工序,见表 4.2.1。

2. 建模

完成烟灰缸建模,同时完成毛坯造型,并把毛坯设计成 80% 透明模型,如图 4.2.2 所示。

表 4.2.1 加工工序

工序	内容	选用刀具	加工方式	加工余量/mm
1	粗铣	T1D20	型腔铣	0.5
2	精铣	T2D6R3	型腔铣	0

图 4.2.2 烟灰缸零件与毛坯模型

3. 进入型腔铣加工环境

单击"开始"下面"加工"应用模块,如图 4.2.3 所示,选择"cam_general"、"mill_contour",单击"确定",完成加工环境设置。

4. 创建刀具

单击"导航器"工具条中"机床视图"标签,如图 4.2.4 所示,单击"插入"工具条中的"创建刀具"命令,依次选择类型"mill_contour"、刀具子类型"MILL"、刀具位置"GENERIC_MA-CHINE"、命名为"T1D10",单击"应用",打开"铣刀 – 5 参数"铣刀对话框,输入直径"10"、刀具号均为"1",并完成刀具参数设置,如图 4.2.5 所示,单击"确定",完成 1 号刀具创建;用同样的方法,创建 2 号刀具"T2D6R3",如图 4.2.6 所示,图 4.2.7 在"操作导航器"中显示创建好

图 4.2.3　进入型腔铣加工环境

的两把刀具。

图 4.2.4　"机床视图"标签

图 4.2.5　创建 1 号刀具

5. 创建几何体

1）建立加工坐标系

单击"导航工具条"中"几何视图"标签,如图 4.2.8 所示,双击"操作导航器"中的"MCS_MILL",打开"Mill Orient"对话框,如图 4.2.9 所示,单击"CSYS 对话框",设置加工坐标系在毛

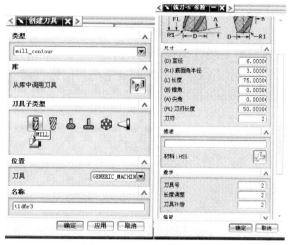

图 4.2.6　创建 2 号刀具

图 4.2.7　显示创建刀具

坯上表面中心，其余默认，如图 4.2.10 所示，单击"确定"两次，完成加工坐标系创建。

图 4.2.8　"几何视图"标签

图 4.2.9　"Mill Orient"对话框

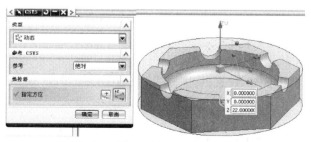

图 4.2.10　设置毛坯上表面中心为加工

2）创建毛坯几何体

双击"操作导航器"中"MCS_ MILL"下的"WORPIECE"，打开"铣削几何体"对话框，如图4.2.11所示，单击"选择或编辑毛坯几何体"命令，打开"毛坯几何体"对话框，指定毛坯模型为"毛坯几何体"，其余默认，单击"确定"两次，完成毛坯几何体创建。

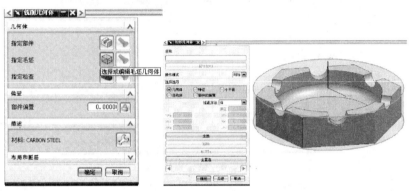

图4.2.11　创建毛坯几何体

3）创建部件几何体

在"铣削几何体"对话框中，单击"选择或编辑部件几何体"命令，打开"部件几何体"对话框，指定部件模型为"部件几何体"（指定部件时，需隐藏毛坯模型），如图4.2.12所示，最后，单击"确定"两次，完成创建部件几何体。

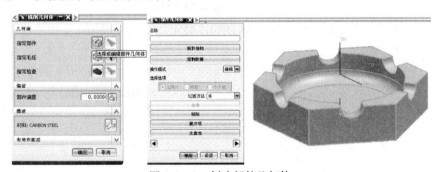

图4.2.12　创建部件几何体

6. 创建加工操作

1）粗铣

（1）设置"创建操作"参数。

单击"插入"工具条中的"创建操作"命令，如图4.2.13所示，打开"创建操作"对话框，如图4.2.14所示，依次设置类型"mill_contour"、操作子类型"CAVITY_MILL"、程序"NC_PRO-GRAM"、刀具"T1D20（Milling Tool－5 parameters）"、几何体"WORKPIECE"、方法"MILL_ROUGH"、命名为"CAVITY_MILL_ROUGH"，完成操作参数设置，单击"确定"，打开"型腔铣"对话框，如图4.2.15所示。

（2）设置型腔铣刀轨操作参数。

在"型腔铣"对话框中，依次设置：切削模式"跟随部件"、步距"% 刀具平直"、平面直径百分比"50"、全局每刀深度"0.5"，如图4.2.15所示。

（3）设置切削参数。

在"型腔铣"对话框中，单击"切削参数"命令，设置"策略"选项卡为"顺铣"、"深度优先"；

图 4.2.13　"插入"工具条中"创建操作"

图 4.2.14　设置"创建操作"参数

图 4.2.15　设置刀轨参数

"余量"选项卡设置部件侧面余量"0.5",部件底部面余量为"0",如图 4.2.16 所示,单击"确定"返回。

（4）设置进给和速度。

在"型腔铣"对话框中,单击"进给和速度"命令,打开"进给和速度"对话框,勾选"主轴速度(r/min)",设置主轴转速"1500"、进给率"150"（mm/m）,如图 4.2.17 所示,单击"确定"返回。

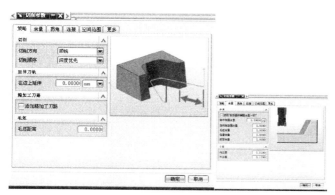

图 4.2.16　设置切削参数

图 4.2.17　设置进给和速度

（5）生成刀轨,仿真加工。

在"型腔铣"对话框中,单击"生成"命令,显示刀轨如图 4.2.18 所示,单击"确认"命令,打开"刀轨可视化"对话框,选择 2D(或 3D)模式,其余默认,单击"播放"命令,进行仿真加工验证,图 4.2.19 所示为 2D、3D 仿真加工结果,最后单击"确定"两次。

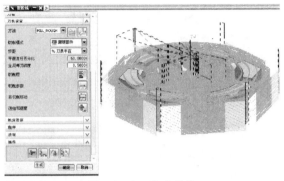

图 4.2.18　生成刀轨

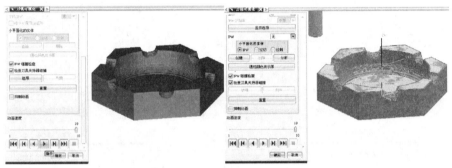

图 4.2.19　2D、3D 仿真加工结果

2）精铣

重复上述步骤完成型腔铣精加工,具体设置如下。

（1）设置"创建操作"参数。

单击"插入"工具条中的"创建操作"命令,如图 4.2.20 所示,打开"创建操作"对话框,如图 4.2.21 所示,依次设置类型"mill_contour"、操作子类型"CAVITY_MILL"、程序"NC_PRO-GRAM"、刀具"T2D6R3（Milling Tool - 5 parameters）"、几何体"WORKPIECE"、方法"MILL_FINISH"、命名为"CAVITY_MILL_ FINISH",完成操作参数设置,单击"确定",打开"型腔铣"对话框,如图 4.2.22 所示。

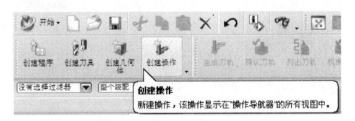

图 4.2.20　"插入"工具条中"创建操作"

（2）设置型腔铣刀轨参数。

在"型腔铣"对话框中,依次设置:切削模式"跟随部件"、步距"％刀具平直"、平面直径百分比"50"、全局每刀深度"0.1",其余参数默认,单击"确定"返回,如图 4.2.22 所示。

（3）设置切削层参数。

在"型腔铣"对话框中,单击"切削层"命令,选择"用户定义"命令,在"范围深度"输入"26",按"Enter"键,如图 4.2.23 所示,单击"确定"返回。

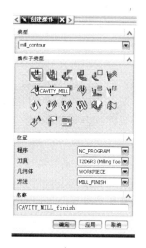

图 4.2.21　设置"创建操作"参数

图 4.2.22　设置刀轨参数

图 4.2.23　设置切削层参数

（4）设置切削参数。

在"型腔铣"对话框中,单击"切削参数"命令,设置"策略"选项卡为"顺铣"、"层优先";"余量"选项卡勾选"使用底部面和侧壁余量一致"并输入"0",如图 4.2.24 所示,单击"确定"返回。

（5）设置进给和速度。

在"型腔铣"对话框中,单击"进给和速度"命令,设置主轴转速"2000"、进给率"150",如图 4.2.25 所示。

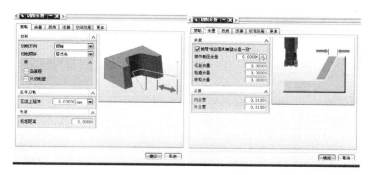

图 4.2.24　设置切削参数

图 4.2.25　设置进给和速度

（6）生成刀轨,仿真加工。

在"型腔铣"对话框中,单击"生成"命令,显示刀轨如图 4.2.26 所示,单击"确认"命令,打开"刀轨可视化"对话框,选择 2D 模式,其余默认,单击"播放"命令,进行仿真加工验证,图 4.2.26 所示为仿真加工结果,最后单击"确定"两次。

7. 后处理生成 CNC 程序清单

通过"操作导航器",选择"WORKPIECE"下的"CAVITY_MILL_ROUGH"操作,单击右键选择"后处理",如图 4.2.27 所示,打开"后处理"对话框,依次选择"MILL_3_AX-IS"、合适的文件夹并命名文件名、单位"公制/部件",单击"确定"后生成"后处理"匹配对话框,再次单击"确定"后继续生成程序清单,如图 4.2.28 所示。用同样方法生成型腔精加工程序清单。

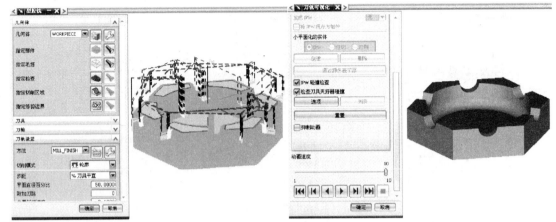

图 4.2.26　生成刀轨与 2D 仿真加工结果

图 4.2.27　后处理参数设置

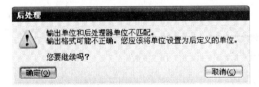

图 4.2.28　生成后处理 CNC 程序

4.2.3 拓展训练

任务描述:

铣削凸台零件,尺寸如图4.2.29所示,毛坯为100×80×45,材料为ZL104,要求加工整个凸台及四周。

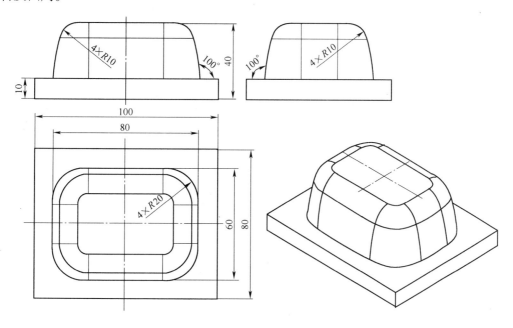

图4.2.29 凸台

任务实施:

1. 工艺分析

(1)加工毛坯:100×80×45。

(2)凸台零件加工工序及工艺参数,见表4.2.2。

表4.2.2 加工工序及工艺参数

工序	内容	选用刀具	加工方式	切削方式	加工余量 /mm	切削用量		
						主轴转速 /(r/min)	进给速度 /(mm/min)	被吃刀量 /mm
1	粗加工	T1D20 平底立铣刀	型腔铣 + 创建 IPW	跟随部件	1	1500	100	2
2	半精加工	T2D10R3 圆角立铣刀	型腔铣 + 创建 IPW	跟随部件	0.25	2000	200	1
3	精加工	T3D8R4 球刀	陡峭区域等高轮廓铣削	区域	0	3000	250	0.2

由于工件表面由平面和圆弧构成,而且圆弧面上有锥体拔模10°,只有采用等高轮廓(ZLEVEL_PROFILE)加工,故粗加工和半精加工时选择"型腔铣",精加工时采用"等高轮廓加

工"，刀具直径受凸台与底座相交根部圆角制约，所以精加工时要选择特别小直径圆角铣刀，也可以单独利用"清根精加工"专门加工此处，粗加工时可适当放大。

2. 建模

在当前层 1 层完成凸台零件建模，同时在 10 层完成毛坯造型，并把毛坯设计成 80% 透明模型，如图 4.2.30 所示。

3. 进入型腔铣加工环境

单击"开始"下面"加工"应用模块，如图 4.2.31 所示，选择"cam_general"、"mill_contour"，单击"确定"，完成加工环境设置。

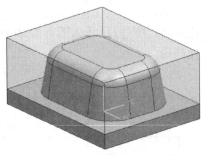

图 4.2.30 凸台零件与毛坯模型

图 4.2.31 进入型腔铣加工环境

4. 创建刀具

单击"导航器"工具条中"机床视图"标签，如图 4.2.32 所示，单击"插入"工具条中的"创建刀具"命令，依次选择类型"mill_contour"、刀具子类型"MILL"、刀具位置"GENERIC_MACHINE"、命名为"T1D20"，单击"应用"，打开"铣刀 – 5 参数"对话框，输入直径"20"、刀具号均为"1"，并完成刀具参数设置，如图 4.2.33 所示，单击"确

图 4.2.32 "机床视图"标签

定"，完成 1 号刀具创建；用同样的方法，依次创建如图 4.2.34 所示 2 号刀具"T2D10R3"、如图 4.2.35 所示 3 号刀具"T3D8R4"；图 4.2.36 在"操作导航器"中显示创建好的 3 把刀具。

5. 创建几何体

1）建立加工坐标系

单击"导航工具条"中"几何视图"标签，如图 4.2.37 所示，双击"操作导航器"中的"MCS_MILL"，打开"Mill Orient"对话框，如图 4.2.38 所示，单击"CSYS 对话框"，设置加工坐标系在毛坯上表面中心，其余默认，如图 4.2.39 所示，单击"确定"两次，完成加工坐标系创建。

2）创建毛坯几何体

双击"操作导航器"中"MCS_ MILL"下的"WORPIECE"，打开"铣削几何体"对话框，如图

图 4.2.33　创建 1 号刀具

图 4.2.34　创建 2 号刀具

图 4.2.35　创建 3 号刀具

图 4.2.36　显示创建刀具

图 4.2.37　"几何视图"标签

图 4.2.38　"Mill Orient"对话框

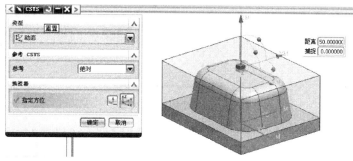

图 4.2.39　设置毛坯上表面中心为加工坐标系

4.2.40 所示,单击"选择或编辑毛坯几何体"命令,打开"毛坯几何体"对话框,指定毛坯模型为"毛坯几何体",其余默认,单击"确定"返回,完成毛坯几何体创建。

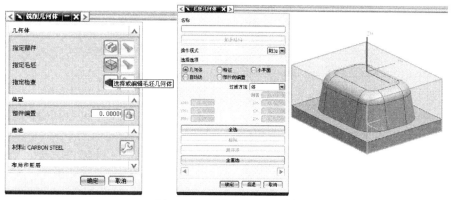

图 4.2.40　创建毛坯几何体

3）创建部件几何体

在"铣削几何体"对话框中,单击"选择或编辑部件几何体"命令,打开"部件几何体"对话框,指定部件模型为"部件几何体"(指定部件时,需隐藏毛坯模型),如图 4.2.41 所示,最后,单击"确定"两次,完成创建部件几何体。图 4.2.42 显示创建的毛坯与部件几何体。

图 4.2.41　创建部件几何体

6. 创建加工操作

1）粗铣外表面

（1）设置"创建操作"参数。

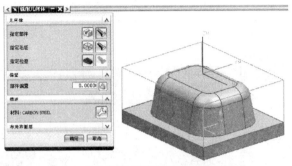

图 4.2.42　显示创建毛坯与部件几何体

单击"插入"工具条中的"创建操作"命令,如图 4.2.43 所示,打开"创建操作"对话框,如图 4.2.44 所示,依次设置类型"mill_contour"、操作子类型"CAVITY_MILL"、程序"NC_PRO-GRAM"、刀具"T1D20(Milling Tool - 5 parameters)"、几何体"WORKPIECE"、方法"MILL_ROUGH"、命名为"CAVITY_MILL_ROUGH",完成操作参数设置,单击"确定",打开"型腔铣"对话框,如图 4.2.45 所示。

图 4.2.43　"插入"工具条中"创建操作"

图 4.2.44　设置"创建操作"参数

图 4.2.45　设置刀轨参数

（2）设置型腔铣刀轨参数。

在"型腔铣"对话框中,依次设置:切削模式"跟随部件"、步距"% 刀具平直"、平面直径百分比"80"、全局每刀深度"2",如图 4.2.45 所示。

（3）设置切削参数。

在"型腔铣"对话框中,单击"切削参数"命令,打开对话框,如图 4.2.46 所示,图 4.2.46

（a）设置"策略"选项卡为"顺铣"、"层优先"；图4.2.46（b）"余量"选项卡为部件侧面余量"1"；图4.2.46（c）"连接"选项卡为区域排序"优化"，勾选"区域连接"、"跟随检查几何体"，开放刀路为"保持切削方向"；图4.2.46（d）"更多"选项卡勾选"容错加工"，单击"确定"返回"型腔铣"对话框。

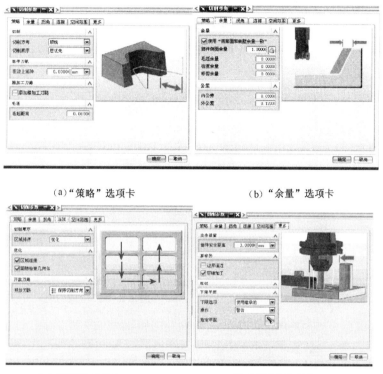

（a）"策略"选项卡　　　　　　　（b）"余量"选项卡

（c）"连接"选项卡　　　　　　　（d）"更多"选项卡

图4.2.46　设置切削参数

（4）设置非切削移动参数。

在"型腔铣"对话框中，单击"非切削移动参数"命令，打开对话框，设置"进刀""退刀"选项卡，封闭区域进刀类型"螺旋线"，"传递/快速"选项卡，间隙安全设置选项为"自动"，区域之间、区域内传递类型选择"最小安全值Z"，安全距离为3mm，其余参数默认，如图4.2.47所示，单击"确定"返回"型腔铣"对话框。

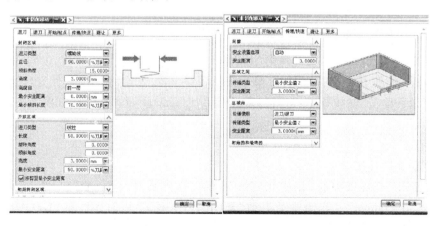

图4.2.47　设置非切削移动参数

（5）设置进给和速度。

在"型腔铣"对话框中，单击"进给和速度"命令，打开对话框，勾选"主轴速度（rpm）"，输入主轴转速"1500"、进给率"100"，如图4.2.48所示，单击"确定"返回"型腔铣"对话框。

（6）生成刀轨，仿真加工。

在"型腔铣"对话框中，单击"生成"命令，显示刀轨如图4.2.49所示，单击"确认"命令，打开"刀轨可视化"对话框，选择2D模式，其余默认，单击"播放"命令，进行仿真加工验证，如图4.2.50所示为2D仿真加工结果，最后单击"确定"，返回"刀轨可视化"对话框。

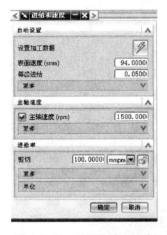

图4.2.48　设置进给和速度

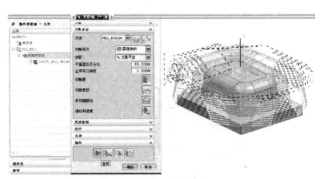

图4.2.49　生成刀轨

图4.2.50　2D仿真加工结果

（7）创建中间毛坯IPW，并放置20层。

如图4.2.51所示，在"刀轨可视化"对话框中选择"3D动态"，在IPW（中间毛坯）分辨率中选择"精细"，创建IPW选择"保存"，然后进行图层设置，新建"图层20"作为当前图层，用于存放IPW。最后单击"播放"命令进行仿真，仿真结束后单击"创建"IPW，如图4.2.52所示，最后单击"确定"完成。

2）半精铣

（1）创建毛坯几何体。

单击"插入"工具条中的"创建几何体"命令，打开其对话框，如图4.2.53所示，依次设置类型"mill_contour"，几何体子类型"WORKPIECE"，几何体位置"GEOMETRY"，默认名称"WORKPIECE－1"，单击"确定"后打开"工件"对话框，如图4.2.54所示，单击

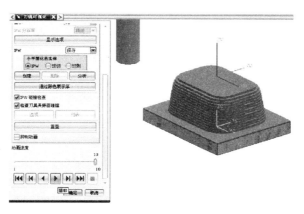

图 4.2.51　3D 仿真加工

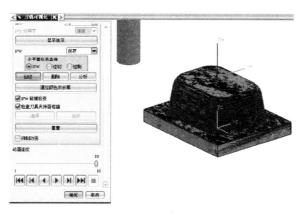

图 4.2.52　创建中间毛坯 IPW

"选择或编辑毛坯几何体"命令,打开"毛坯几何体"对话框,选择"小平面"、过滤方法"小平面化的体",指定 20 层创建的中间毛坯 IPW 为"指定毛坯几何体",单击"确定"返回"工件"对话框。

（2）创建部件几何体。

在"工件"对话框中,单击"选择或编辑部件几何体"命令,打开"部件几何体"对话框,如图 4.2.55 所示,选择部件模型为"指定部件几何体",单击"确定"返回。

注意:在指定部件与毛坯时需注意显示相应的图层。

（3）设置"创建操作"参数。

单击"插入"工具条中的"创建操作"命令,打开"创建操作"对话框,如图 4.2.56 所示,依次设置类型"mill_contour"、操作子类型"CAVITY – MILL"、程序"NC_PROGRAM"、刀具"T2D10R3(Milling Tool – 5 parame-

图 4.2.53　"创建几何体"对话框

ters)"、几何体"WORKPIECE_1"、方法"MILL_SEMI _FINISH"、命名为"CAVITY – MILL_SEMI",完成操作参数设置,单击"确定",打开"型腔铣"对话框,如图 4.2.57 所示。

图 4.2.54 创建毛坯几何体

图 4.2.55 创建部件几何体

（4）设置型腔铣刀轨参数。

在"型腔铣"对话框中，设置刀轨参数：切削模式"跟随部件"、步距"% 刀具平直"、平面直径百分比"50"、全局每刀深度"1"，其余参数默认，如图 4.2.57 所示。

图 4.2.56 设置"创建操作"参数

图 4.2.57 设置刀轨参数

（5）设置切削参数。

在"型腔铣"对话框中，单击"切削参数"命令，打开对话框，设置"策略"选项卡为"顺铣"、"层优先"；"余量"选项卡为部件侧面余量"0.25"，部件底部面余量"0"，内外公差均为

"0.03",其余参数默认,如图4.2.58所示,单击"确定"返回"型腔铣"对话框。

图4.2.58　设置切削参数

（6）设置非切削移动参数。

在"型腔铣"对话框中,单击"非切削移动参数"命令,打开对话框,设置"进刀"选项卡,封闭区域进刀类型"螺旋线",开放区域进刀类型"线性",其余参数默认,"传递、快速"选项卡,安全设置选项"自动",区域之间、区域内传递类型"最小安全距离Z",其余参数默认,如图4.2.59所示,单击"确定"返回"型腔铣"对话框。

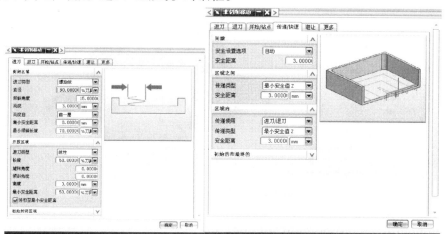

图4.2.59　设置非切削移动参数

（7）设置进给和速度。

在"型腔铣"对话框中,单击"进给和速度"命令,打开对话框,勾选"主轴速度（rpm）",输入主轴转速"2000"、进给率"200",如图4.2.60所示,单击"确定"返回"型腔铣"对话框。

（8）生成刀轨,仿真加工。

在"型腔铣"对话框中,单击"生成"命令,显示刀轨如图4.2.61所示,单击"确认"命令,打开"刀轨可视化"对话框,选择2D模式,其余默认,单击"播放"命令,进行仿真加工验证,如图4.2.62所示为仿真加工结果,单击"确定"完成2D仿真加工。

（9）创建中间毛坯IPW。

如图4.2.63所示,在"刀轨可视化"对话框中选择"3D动态",在IPW（中间毛坯）分辨率中选择"精细",创建 IPW 选择"保存",最后单击"播放"命令进行仿真,仿真结束后单击"创建"IPW,如图 4.2.64 所示,最后单击"确定"两次完成。

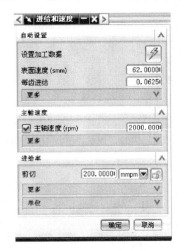

图 4.2.60　设置进给和速度

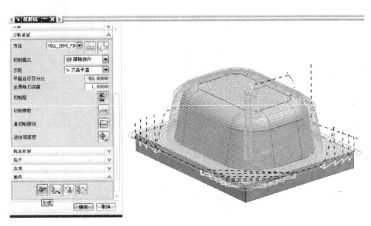

图 4.2.61　生成刀轨

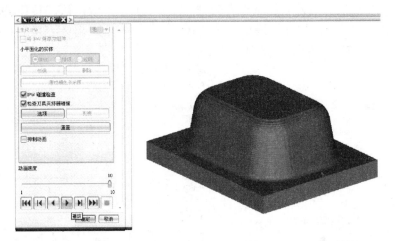

图 4.2.62　2D 仿真加工结果

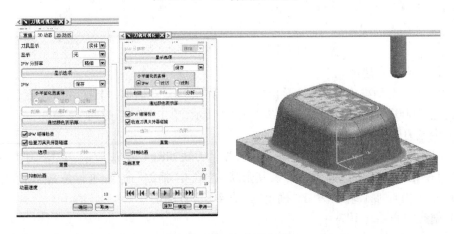

图 4.2.63　3D 仿真加工

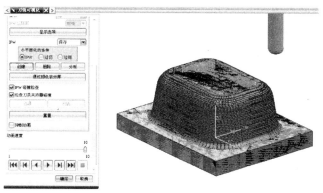

图 4.2.64　创建中间毛坯 IPW

3）精加工

（1）指定部件

单击"插入"工具条中的"创建几何体"命令,打开其对话框,如图 4.2.65 所示,依次设置类型"mill_contour",几何体子类型"MILL－AREA",几何体位置"WORKPIECE_1",默认名称"MILL_AREA",单击"确定",打开"铣削区域"对话框,如图 4.2.66 所示,单击指定部件"选择或编辑部件几何体"命令,打开"部件几何体"对话框,如图 4.2.67 所示,选择工件模型为"指定部件",单击"确定",完成精加工几何体创建。

图 4.2.65　"创建几何体"对话框

图 4.2.66　"铣削区域"对话框

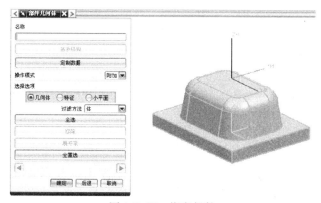

图 4.2.67　指定部件

（2）指定切削区域。

在"铣削区域"对话框中,单击"选择或编辑部件几何体"命令,打开"切削区域"对话框,选择选项"特征"、过滤方法"曲面区域",如图4.2.68所示,单击"确定",完成铣削区域创建。

图4.2.68 指定切削区域

（3）设置"创建操作"参数。

单击"插入"工具条中的"创建操作"命令,打开"创建操作"对话框,如图4.2.69所示,依次设置类型"mill_contour"、操作子类型"ZLEVEL_PROFILE"、程序"NC_PROGRAM"、刀具"T3D8R4（Milling Tool－5 parameters）"、几何体"MILL－AREA"、方法"MILL_FINISH"、命名为"LEVEL_PROFILE_FINISH",完成操作参数设置,单击"确定",打开"深度加工轮廓"对话框,如图4.2.70所示。

（4）设置深度加工轮廓刀轨参数。

在"深度加工轮廓"对话框中,设置刀轨参数:陡峭空间范围"无",合并距离"3",最小切削深度"0.1"、全局每刀深度"0.2",如图4.2.70所示。

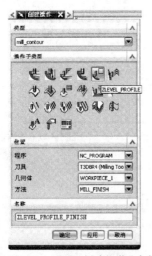

图4.2.69 设置"创建操作"参数

图4.2.70 设置刀轨参数

（5）设置切削参数。

在"深度加工轮廓"对话框中,单击"切削参数"命令,打开对话框,如图4.2.71所示,图4.2.71（a）设置"策略"选项卡为"顺铣"、"深度优先"；图4.2.71（b）"余量"选项卡为部件底部侧面余量"0"；图4.2.71（c）"连接"选项卡为层到层"使用传递方法",其余参数默认,单击"确定",返回"深度加工轮廓"对话框。

（6）设置非切削移动参数。

在"深度加工轮廓"对话框中,单击"非切削移动参数"命令,打开对话框,"进刀"选项卡,

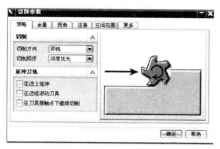

（a）"策略"选项卡

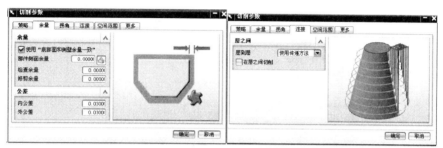

（b）"余量"选项卡　　　　　　　　　　（c）"连接"选项卡

图4.2.71　设置切削参数

进刀与退刀与粗加工参数设置一致，如图4.2.72所示，单击"确定"返回"深度加工轮廓"对话框。

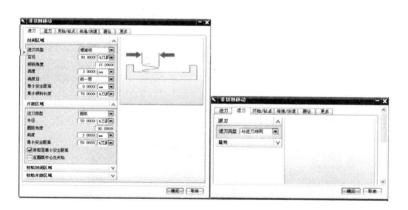

图4.2.72　设置非切削移动参数

（7）设置进给和速度。

在"深度加工轮廓"对话框中，单击"进给和速度"命令，打开对话框，勾选"主轴速度（rpm）"，"主轴转速"为3000、"进给率"为250，如图4.2.73所示，单击"确定"返回"深度加工轮廓"对话框。

（8）生成刀轨，仿真加工。

在"深度加工轮廓"对话框中，单击"生成"命令，显示刀轨如图4.2.74所示，单击"确认"命令，打开"刀轨可视化"对话框，选择2D模式，其余默认，单击"播放"命令，进行仿真加工验证，如图4.2.75所示为仿真加工结果，最后单击"确定"两次，图4.2.76所示为3D仿真加工结果。

图 4.2.73　设置进给和速度

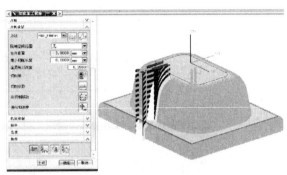

图 4.2.74　生成刀轨

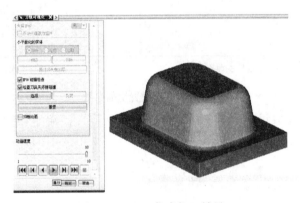

图 4.2.75　2D 仿真加工结果

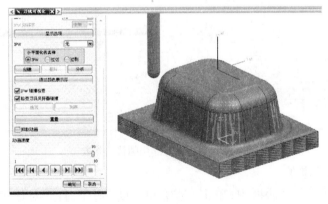

图 4.2.76　3D 仿真加工结果

7. 后处理生成 CNC 程序清单

通过"操作导航器",选择"WORKPIECE"下的"CAVITY_MILL_ROUGH"操作,单击右键选择"后处理",如图 4.2.77 所示,打开"后处理"对话框,依次选择"MILL_3_AX-IS"、合适的文件夹并命名文件名、单位"公制/部件",单击"确定"后生成后处理匹配对话框,再次单击"确定"后继续生成程序清单,如图 4.2.78 所示。用同样方法生成其他加工程序清单。

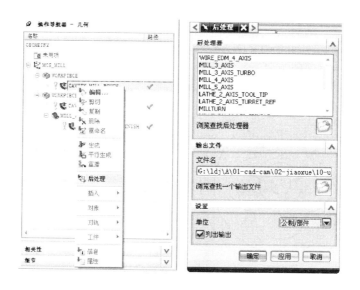

图 4.2.77 "后处理"参数设置

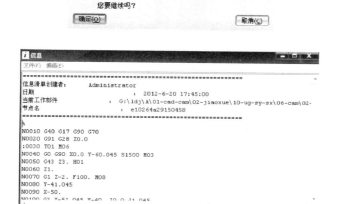

图 4.2.78 生成后处理 CNC 程序清单

项目4 小 结

本项目主要介绍 UG CAM 数控铣削加工方法、基本操作步骤、铣削加工环境设置、铣削参数的设置及应用,结合项目任务知识与能力目标要求优选多个企业加工典型案例并进行拓展训练,步骤详细,方便读者对典型零件编程操作及仿真加工能力操练。

习 题

1. 平面铣。
要求完成平面铣加工程序的创建。

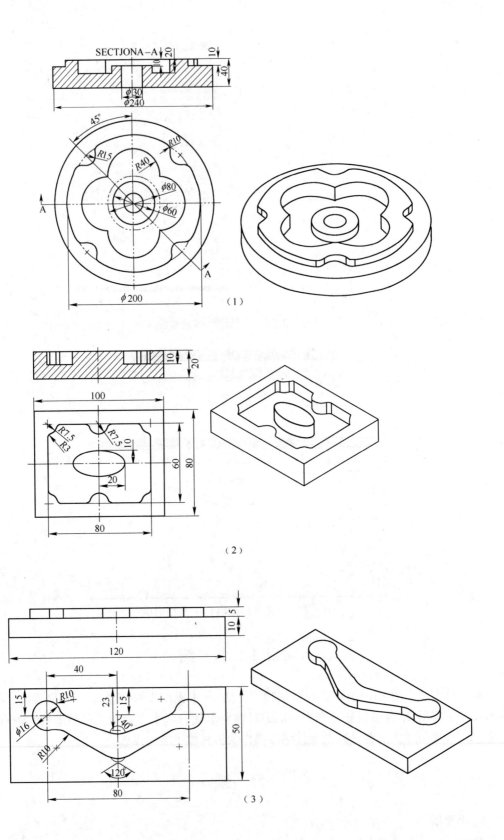

SECTJONA－A

(1)

(2)

(3)

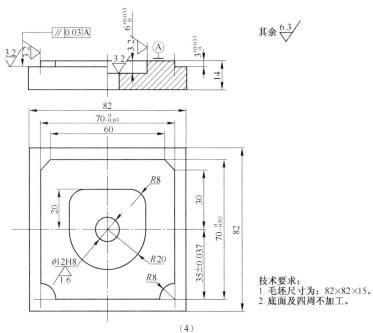

（4）

2. 型腔铣。

（1）要求完成粗精加工程序的创建。

技术要求：
1. 毛坯尺寸为：82×82×15。
2. 底面及四周不加工。

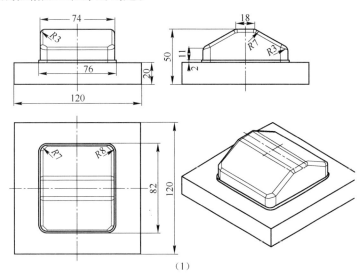

（1）

（2）完成鼠标凹模加工，粗铣内型腔，型腔铣方式，应用 1 号圆角立铣刀，D16R4，底面与内侧余量 0.5mm；半精铣内腔，等高轮廓铣方式，应用 2 号圆角立铣刀，D10R2，底面与内侧余量 0.25mm；精铣内腔，等高轮廓铣方式，应用 3 号球刀，D8R4。

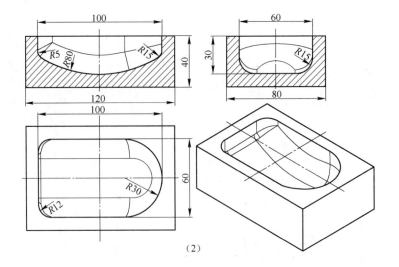

（2）

参 考 文 献

[1] 胡仁喜,等.UG NX 6.0 中文版从入门到精通[M].北京:机械工业出版社,2009.

[2] 王卫兵.UG NX5 中文版数控加工案例导航视屏教程[M].北京:清华大学出版社,2007.

[3] 李东君.数控加工技术项目教程[M].北京:北京大学出版社,2010.

[4] 韩思明,等.UG NX5 中文版 编程基础与实践教程[M].北京:清华大学出版社,2008.

[5] 张士军,等.UG 设计与加工[M].北京:机械工业出版社,2009.

[6] 杨晓琦.UG NX 4.0 中文版机械设计从入门到精通[M].北京:机械工业出版社,2008.

[7] 林琳.UG NX 5.0 中文版机械设计典型范例[M].北京:电子工业出版社,2008.

[8] 孙慧平,等.UG NX 基础教程[M].北京:人民邮电出版社,2004.

[9] 展迪优.UG NX 4.0 产品设计实例教程[M].北京:机械工业出版社,2008.

[10] 张丽萍,等.UG NX 5 基础教程与上机指导[M].北京:清华大学出版社,2008.

[11] 郑贞平,等.UG NX 5.0 中文版数控加工典型范例[M].北京:电子工业出版社,2008.

[12] 杜智敏,韩慧伶.UG NX 5 中文版数控编程实例精讲[M].北京:人民邮电出版社,2008.

[13] 罗和喜.UG NX 4 中文版数控加工专家实例精讲[M].北京:中国青年出版社,2007.

[14] 曹岩.UG NX 4 数控加工实例精解[M].北京:机械工业出版社,2007.

[15] 赵东福.UG NX 数控编程技术基础[M].南京:南京大学出版社,2007.

[16] 高长银,等.UG NX6.0 数控五轴加工实例教程[M].北京:化学工业出版社,2009.